Colofon

Saage Media GmbH
c/o SpinLab – The HHL Accelerator
Spinnereistraße 7
04179 Leipzig, Germany
E-Mail: contact@SaageMedia.com
Web: www.SaageMedia.com
Commercial Register: Local Court Leipzig, HRB 42755 (Handelsregister: Amtsgericht Leipzig, HRB 42755)
Managing Director: Rico Saage (Geschäftsführer)
VAT ID Number: DE369527893 (USt-IdNr.)

Uitgever: Saage Media GmbH
Publicatie: 02.2025
Omslagontwerp: Saage Media GmbH
ISBN Paperback (nl): 978-3-384-52454-6
ISBN Ebook (nl): 978-3-384-52455-3

Juridisch / Kennisgevingen

De bronverwijzingen en citaten in dit boek zijn zorgvuldig onderzocht en in betekenis weergegeven. De interpretatie en presentatie van de geciteerde inhoud weerspiegelt de opvatting van de auteur en komt niet noodzakelijkerwijs overeen met de intentie of mening van de oorspronkelijke auteurs. Bij contextuele citaten zijn de kernuitspraken van de originele bronnen naar beste weten en geweten in de context van dit werk opgenomen, maar kunnen door de overdracht en vereenvoudiging afwijken van de oorspronkelijke formuleringen en betekenisnuances. Alle gebruikte bronnen zijn volledig vermeld in de literatuurlijst en kunnen daar in het origineel worden nagelezen. De verantwoordelijkheid voor de interpretatie en contextuele inbedding van de geciteerde inhoud ligt bij de auteur van dit boek. Voor wetenschappelijke vragen en gedetailleerde informatie wordt aanbevolen de originele bronnen te raadplegen. De auteur heeft zich ingespannen om complexe wetenschappelijke zaken begrijpelijk weer te geven. Daarbij kunnen vereenvoudigingen en generalisaties niet worden uitgesloten. Voor de technische juistheid en volledigheid van de vereenvoudigde presentaties kan geen garantie worden gegeven. De contextuele weergave van citaten en wetenschappelijke bevindingen gebeurt gewetensvol met inachtneming van het citaatrecht volgens § 51 van de Auteurswet en alle relevante auteursrechtelijke bepalingen van andere landen. Bij de vereenvoudiging, overdracht en eventuele vertaling van wetenschappelijke inhoud naar een algemeen begrijpelijke taal kunnen betekenisnuances en technische details verloren gaan. De auteur maakt geen aanspraak op de rechten van de geciteerde werken en respecteert alle auteursrechten van de oorspronkelijke auteurs. Mocht er ongeoorloofd gebruik worden vastgesteld, verzoekt de auteur om melding om passende maatregelen te kunnen nemen. Voor academische doeleinden en bij gebruik als wetenschappelijke referentie wordt uitdrukkelijk aanbevolen terug te grijpen naar de originele bronnen. De vereenvoudigde presentatie dient uitsluitend voor populairwetenschappelijke informatie.

De in dit boek opgenomen informatie over het inrichten en onderhouden van nano-aquaria is zorgvuldig onderzocht en naar beste weten samengesteld. Desondanks kan er geen garantie worden gegeven voor de juistheid en volledigheid van de gegevens. Het houden van vissen en andere waterbewoners vereist bijzondere zorg en verantwoordelijkheid. Voor eventuele schade of verliezen die voortvloeien uit het toepassen van de beschreven methoden en adviezen kan geen aansprakelijkheid worden aanvaard. Dit geldt in het bijzonder voor het welzijn van de bewoners van het aquarium, evenals voor technische en waterbouwkundige schade. De aquaristiek ondergaat een voortdurende ontwikkeling. Nieuwe inzichten over visverzorging, waterchemie en technische uitrusting kunnen ertoe leiden dat bepaalde informatie op het moment van lezen niet meer actueel is. De genoemde producten en merknamen zijn eigendom van de respectieve rechthebbenden en worden zonder garantie van vrije bruikbaarheid gebruikt. Gedetailleerde bronvermeldingen van wetenschappelijke inzichten en studies zijn te vinden in de bijlage. Dit boek vervangt geen deskundig advies van ervaren aquarianen of dierenwinkels. Bij specifieke vragen over het houden van vissen, bij ziekten van de aquariumbewoners of technische problemen wordt dringend aangeraden om de betreffende experts te raadplegen.

Bendis Saage

Nano Aquarium Handboek: Complete Gids voor Miniatuur Aquarium & Aquarium Nano Cube

Alles over nano aquarium verlichting, aquarium nano led, waterwaarden en onderhoud - van inrichting tot probleemoplossing voor uw nano aquarium

61 Bronnen
45 Diagrammen
50 Afbeeldingen
7 Illustraties

Beste lezers,

wij danken u hartelijk dat u voor dit boek hebt gekozen. Met uw keuze heeft u ons niet alleen uw vertrouwen gegeven, maar ook een deel van uw kostbare tijd. Dat waarderen wij zeer.

Nano-aquaria zijn helemaal in de mode - maar de uitdaging ligt in de perfecte balans van deze mini-ecosystemen. Kleine aquaria van 12 tot 35 liter vereisen specifieke kennis bij de inrichting en verzorging. Deze praktische handleiding toont systematisch waar het echt om draait bij het inrichten van zoet- en zoutwater-nanobakken. Stap voor stap worden alle relevante aspecten behandeld: van de keuze van geschikte technische componenten tot de diervriendelijke bezettingsplanning en beproefde onderhoudsstrategieën. Bijzondere aandacht gaat uit naar de stabilisatie van het biologische evenwicht door geoptimaliseerde filtratie en waterbehandeling. Met deze gids slaagt u erin om een gezond nano-aquarium in te richten en duurzaam te onderhouden - of het nu als ontspannend natuurverschijnsel in de woonkamer is of als fascinerend mini-rif op kantoor. Ontdek nu de kunst van de miniatuur-aquaristiek en creëer uw eigen perfect functionerende onderwaterbiotoop!

Deze gids biedt u begrijpelijke en praktische informatie over een complex onderwerp. Dankzij zelf ontwikkelde digitale tools die ook gebruik maken van neurale netwerken, konden we uitgebreid onderzoek doen. De inhoud is optimaal gestructureerd en ontwikkeld tot de definitieve versie om u een goed onderbouwd en gemakkelijk toegankelijk overzicht te bieden. Het resultaat: u krijgt een uitgebreid inzicht en profiteert van duidelijke uitleg en illustratieve voorbeelden. Ook het visuele ontwerp is geoptimaliseerd door deze geavanceerde methode zodat u de informatie snel kunt begrijpen en gebruiken.

Wij streven naar de hoogste nauwkeurigheid, maar zijn dankbaar voor elke aanwijzing van mogelijke fouten. Bezoek onze website om de laatste correcties en aanvullingen op dit boek te vinden. Deze zullen ook in toekomstige edities worden verwerkt.

We hopen dat u geniet van het lezen en nieuwe dingen ontdekt! Als u suggesties, kritiek of vragen heeft, kijken we uit naar uw feedback. Alleen door actieve uitwisseling met u, de lezers, kunnen toekomstige edities en werken nog beter worden. Blijf nieuwsgierig!

Bendis Saage

Saage Media GmbH - Team

- www.SaageBooks.com/nl
- support@saagemedia.com
- Spinnereistraße 7 - c/o SpinLab – The HHL Accelerator, 04179 Leipzig, Germany

Snelle toegang tot kennis

Om een optimale leeservaring te garanderen, willen we u vertrouwd maken met de belangrijkste kenmerken van dit boek:

- **Modulaire Structuur:** Elk hoofdstuk staat op zichzelf en kan onafhankelijk van de andere worden gelezen.
- **Grondig Onderzoek:** Alle hoofdstukken zijn gebaseerd op grondig onderzoek en worden ondersteund door wetenschappelijke referenties. De gegevens in de diagrammen dienen voor een betere visualisatie en zijn gebaseerd op aannames, niet op de gegevens uit de bronnen. Een uitgebreide lijst van bronnen en beeldcredits is te vinden in de bijlage.
- **Duidelijke Terminologie:** Onderstreepte technische termen worden uitgelegd in de verklarende woordenlijst.
- **Hoofdstuksamenvattingen:** Aan het einde van elk hoofdstuk vindt u beknopte samenvattingen die u een overzicht geven van de belangrijkste punten.
- **Concrete Aanbevelingen:** Elk subhoofdstuk wordt afgesloten met een lijst met specifieke adviezen om u te helpen het geleerde in de praktijk te brengen.

Extra bonusmateriaal op onze website

Op onze website zijn wij van plan de volgende exclusieve materialen ter beschikking te stellen:

- Bonusinhoud en extra hoofdstukken
- Een compact totaaloverzicht
- Een hoorspelversie. (In planning)

De website is momenteel nog in aanbouw.

www.SaageBooks.com/nl/
aquarium_nanoaquarium-bonus-EDXLSC

Inhoudsopgave

1. Basisuitzetting Nano Aquarium

Wat is er echt nodig om een klein onderwaterparadijs te creëren? Een nano-aquarium mag dan wel compact zijn, maar de juiste basisuitrusting bepaalt het succes of falen van het miniatuurecosysteem. Van de waterkwaliteit tot de verlichting, alle componenten moeten perfect op elkaar zijn afgestemd om een stabiel ecosysteem te creëren. De volgende pagina's onthullen welke uitrusting onmisbaar is en waar compromissen vermeden kunnen worden.

1. 1 Technische Componenten

Stabiele waterwaarden, optimale verlichting en de juiste temperatuur zijn essentieel voor een bloeiend nano-aquarium. Technische componenten nemen deze taken op zich en waarborgen het welzijn van de bewoners. De keuze en het gebruik van deze componenten brengen echter uitdagingen met zich mee, vooral in de beperkte ruimte van een minibecken. Verschillende filtertypes, verlichtingssystemen en verwarmingsmethoden bieden elk specifieke voor- en nadelen. Filters zorgen voor helder water en breken schadelijke stoffen af, terwijl de verlichting de plantengroei bevordert en de kleurenpracht van de dieren benadrukt. De temperatuurregeling zorgt voor een stabiele omgeving en minimaliseert stress voor de aquariumbewoners. De juiste balans tussen deze factoren is cruciaal voor een gezond ecosysteem. Ontdek in dit hoofdstuk hoe u de juiste technische componenten voor uw nano-aquarium kunt selecteren en optimaal kunt inzetten om een harmonieuze miniatuurwereld te creëren.

De juiste dimensionering van de technische componenten is cruciaal voor de balans en het welzijn in het nano-aquarium.

Filtersystemen voor kleine aquaria

Filtersystemen in kleine aquaria waarborgen de waterkwaliteit en daarmee de gezondheid van de levende wezens. Ze vervullen mechanische, biologische en eventueel chemische filterfuncties. De mechanische filtratie verwijdert zwevende deeltjes, terwijl de biologische filtratie schadelijke stoffen zoals ammoniak met behulp van bacteriën omzet in minder schadelijk nitraat [s1]. Deze bacteriën vestigen zich op filtermedia en vormen biofilms, waarvan de werking afhankelijk is van de zuurstoftoevoer [s1]. Een voldoende zuurstofgehalte is daarom essentieel. Een beluchtingspomp, aangestuurd via een relais en sensoren voor opgeloste zuurstof, kan de optimale zuurstoftoevoer waarborgen [s1]. De chemische filtratie, vaak met actieve kool, verwijdert medicijnresten of verkleuringen. Conventionele chemische filtermaterialen moeten echter regelmatig worden vervangen [s2]. Een duurzame alternatieve bieden TiO2-gecoate cenospheren, die ammonium, nitraat en nitriet verminderen en door UV-licht geactiveerd kunnen worden [s2]. Deze zijn door hun structuur ook gemakkelijker uit het aquarium te verwijderen en opnieuw te gebruiken [s2]. De combinatie van TiO2-cenospheren met biologische filters kan de waterkwaliteit vergelijkbaar goed verbeteren als het extra gebruik van mechanische filters [s2]. Voor nano-aquaria zijn vooral kleine binnenfilters of rugzakfilters geschikt. Laatstgenoemden hangen aan de rand van het aquarium en bieden een goede filterprestatie met een geringe ruimtebehoefte in het bakje. De keuze van het filter hangt af van de bakgrootte en de bezetting. Een te zwak filter kan de waterkwaliteit niet voldoende waarborgen, terwijl een te sterk filter de kleine aquariumbewoners kan stressen.

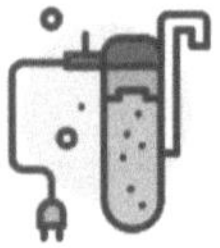

Goed om te weten

Filtersystemen

Compacte filtersystemen voor nano-aquaria zijn verkrijgbaar in verschillende uitvoeringen, zoals binnenfilters, buitenfilters of rugzakfilters. Ze zijn essentieel voor het handhaven van een gezonde watercyclus.

Mechanische filtratie

De mechanische filtratie, vaak de eerste stap in het filterproces, verwijdert zichtbare vuildeeltjes en draagt zo bij aan de helderheid van het water. Het beschermt ook de gevoelige kieuwen van de aquariumbewoners.

Rugzakfilter

Rugzakfilters worden aan de rand van het aquarium bevestigd en bieden een goede filterprestatie met een geringe ruimtebehoefte in het bakje. Ze zijn een populaire keuze voor nano-aquaria.

Nano Aquarium Filter Prestatie Vergelijking

Stroomsnelheid vs. Filtertype

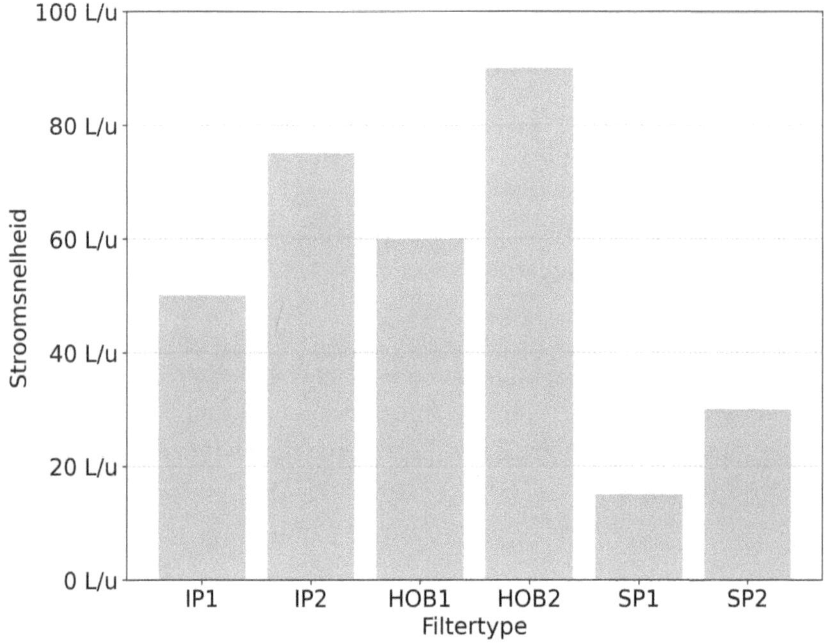

HOB1: Kleine Hang-On Filter

HOB2: Middelgrote Hang-On Filter

IP1: Mini Intern Power Filter

IP2: Standaard Intern Power Filter

SP1: Kleine Sponsfilter

SP2: Grote Sponsfilter

Sponsfilters hebben over het algemeen lagere stroomsnelheden, waardoor ze geschikt zijn voor delicate bewoners zoals garnalen. Interne powerfilters bieden een breder scala aan stroomsnelheden, geschikt voor kleine vissen en meer actieve soorten. Hang-on-back filters bieden de hoogste stroomsnelheden, geschikt voor grotere nano-aquaria met hogere bezettingsniveaus of soorten die sterkere stroming vereisen. Het kiezen van het juiste filter hangt af van de aquariumbewoners en de gewenste waterbeweging.

LED Verlichtingssystemen

LED verlichtingssystemen bieden voor nano-aquaria belangrijke voordelen ten opzichte van traditionele fluorescentielampen. Hun compacte ontwerp maakt flexibele plaatsing en individuele aanpassing van de lichtomstandigheden in het aquarium mogelijk. De hoge energie-efficiëntie van LED's vermindert het energieverbruik en de warmteontwikkeling, wat vooral voordelig is bij kleine aquariumb volumes. Een ander voordeel is de lange levensduur van LED's, waardoor de onderhoudskosten worden verlaagd. De mogelijkheid om verschillende kleurtemperaturen en lichtspectra in te stellen, maakt een optimale aanpassing aan de behoeften van de aquariumbewoners en planten mogelijk. Zo kan blauw licht de groei van koralen bevorderen, terwijl rood licht de fotosynthese bij planten ondersteunt [s3]. Let bij de keuze van de LED-verlichting op de PAR-waarden (Photosynthetically Active Radiation), die de hoeveelheid licht aangeven die beschikbaar is voor fotosynthese. Een te lage PAR-waarde kan de plantengroei belemmeren, terwijl een te hoge waarde kan leiden tot algengroei. De regeling van de LED's via een Timer maakt de simulatie van natuurlijke dag-nachtcycli mogelijk, wat bijdraagt aan het welzijn van de aquariumbewoners. Sommige systemen bieden zelfs de mogelijkheid om zonsopgangen en -ondergangen of maanlichtfasen te simuleren. Bijvoorbeeld, een geleidelijke overgang van blauw "maanlicht" naar wit daglicht kan de vissen stress besparen en het natuurlijke gedrag bevorderen. Bij de installatie van de verlichting moet ervoor worden gezorgd dat de LED's gelijkmatig over het wateroppervlak zijn verdeeld om schaduwvorming te voorkomen en een optimale belichting van het gehele aquarium te waarborgen. Bovendien moet de lichtintensiteit worden aangepast aan de behoeften van de betreffende planten en dieren. Voor een dicht beplant nano-aquarium met veeleisende soorten is een hogere lichtintensiteit vereist dan voor een aquarium met enkele, robuuste planten. Door de gerichte regeling van de lichtkleur en -intensiteit kan de esthetiek van het aquarium individueel worden vormgegeven en de kleurenpracht van vissen en planten worden benadrukt. Daarbij moet worden

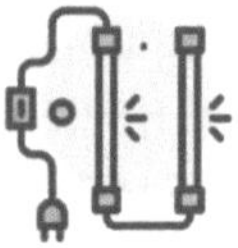

opgemerkt dat verschillende lichtgolflengten de groei en ontwikkeling van aquariumbewoners kunnen beïnvloeden. Zo kunnen bepaalde golflengten bijvoorbeeld de uitkomst- en overlevingspercentages van larven positief beïnvloeden [s3]. Door rekening te houden met deze factoren kan met LED-verlichtingssystemen een optimale omgeving voor de bewoners van het nano-aquarium worden gecreëerd. De combinatie van flexibiliteit, energie-efficiëntie, duurzaamheid en de diverse regelmogelijkheden maakt LED-verlichting de ideale keuze voor nano-aquaria.

Fotosynthese [i1]

Goed om te weten

PAR-waarde

De PAR-waarde geeft aan hoeveel licht beschikbaar is voor de fotosynthese van de planten. Voor een gezonde plantengroei in het nano-aquarium is een voldoende PAR-waarde essentieel.

Timer

Een timer regelt de verlichtingsduur en simuleert het dag-nacht ritme, wat belangrijk is voor het welzijn van de aquariumbewoners. Sommige timers kunnen zelfs zonsopgangen en -ondergangen simuleren.

Nano Aquarium LED Lichtintensiteit

Gesimuleerde dagelijkse lichtcyclus voor een nano-aquarium.

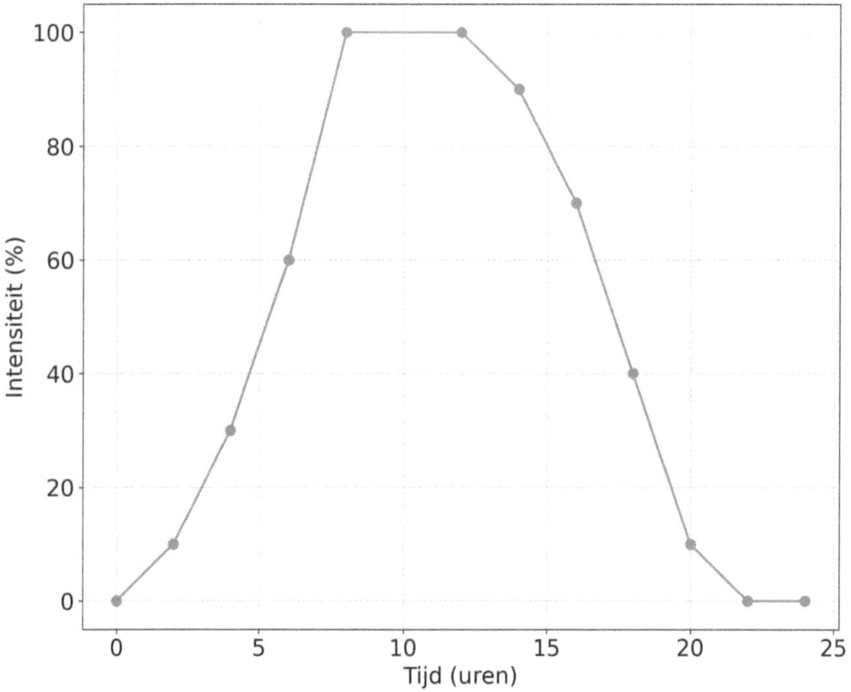

De grafiek illustreert een geleidelijke toename van de lichtintensiteit, die de zonsopgang simuleert, met een piek 's middags, gevolgd door een geleidelijke afname die de zonsondergang nabootst. Deze cyclus bevordert een gezonde plantengroei en bootst natuurlijke lichtpatronen na die gunstig zijn voor de bewoners van het aquarium.

Verwarming en temperatuurregeling

De temperatuurregeling in het nano-aquarium is cruciaal voor het welzijn van de bewoners. Vissen, ongewervelden en planten hebben specifieke temperatuurvereisten die belangrijk zijn voor hun groei, gezondheid en voortplanting. Schommelingen, vooral abrupte temperatuurveranderingen, kunnen stress veroorzaken en de vatbaarheid voor ziekten verhogen. Voor verwarming worden meestal regelheaters gebruikt, die via een thermostaat de gewenste temperatuur constant houden. Let bij het kiezen van de verwarmingsstaaf op het juiste wattage, dat afhankelijk is van het volume van het aquarium. Een te zwakke heater kan de temperatuur niet voldoende verhogen, terwijl een te sterke heater kan leiden tot ongewenste temperatuurschommelingen. De plaatsing van de verwarmingsstaaf moet zo worden gekozen dat de warmte gelijkmatig in het aquarium wordt verdeeld. Dichtbij de filteruitlaat is de warmteverdeling meestal optimaal. Naast de verwarming speelt ook de koeling in de zomer een belangrijke rol. Bij hoge omgevingstemperaturen kan de watertemperatuur in het nano-aquarium snel stijgen. Hier kunnen bijvoorbeeld ventilatoren helpen, die over het wateroppervlak blazen en door verdampingskoelte de temperatuur verlagen. Voor een nauwkeurige controle van de temperatuur in het aquarium, vergelijkbaar met microfluïdische systemen, die een nauwkeurige temperatuurregeling vereisen voor processen zoals de polymerase-kettingreactie [s4], is het gebruik van een thermometer aan te raden. Digitale thermometers met alarmfunctie bieden het voordeel dat ze de aquarianer waarschuwen bij overschrijding of onderschrijding van de ingestelde grenswaarden. Zo kunnen tijdig maatregelen worden genomen om de temperatuur binnen het optimale bereik te houden. Ook op kleine schaal zijn er diverse technieken voor temperatuurregeling te vinden die uit andere gebieden bekend zijn. Zo is de Joule-verwarming [s5] misschien niet praktisch voor nano-aquaria,

maar illustreert het principe van nauwkeurige temperatuurregeling door elektrische geleidbaarheid. De inzichten over het belang van precieze en stabiele temperatuurverhoudingen in microfluïdische systemen [s5] kunnen ook op de aquaristiek worden toegepast. Een stabiele temperatuuromgeving is essentieel voor het biologische evenwicht en minimaliseert stress voor de bewoners van het aquarium.

Temperatuur en energieverbruik Nano Aquarium

Temperatuurstabiliteit en energieverbruik gedurende een dag.

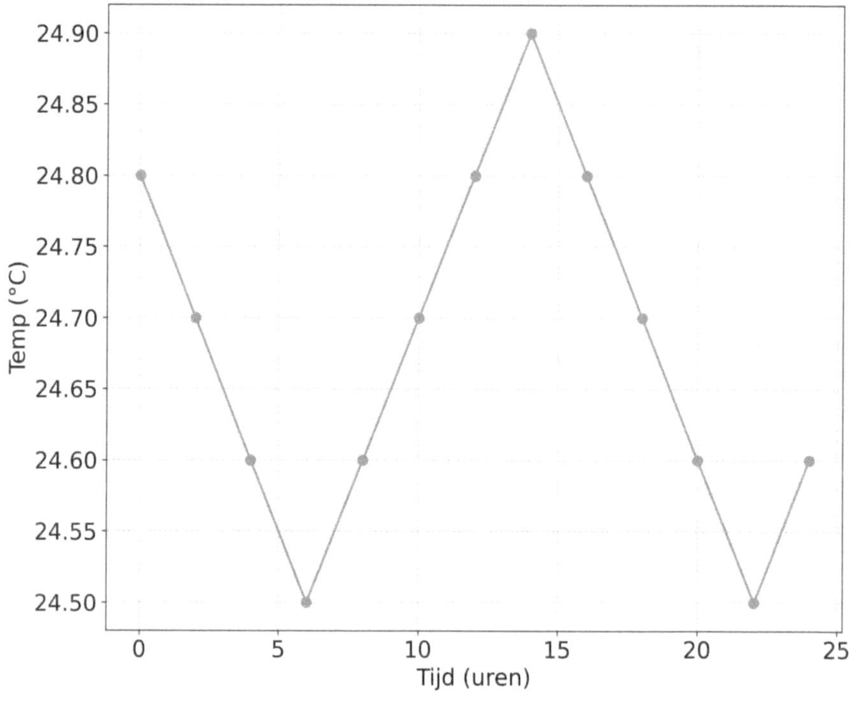

De grafiek toont een stabiele temperatuur die binnen een smal bereik wordt gehouden, wat duidt op een effectieve verwarmingsregeling. De lichte energiepieken komen overeen met de activering van de verwarming, wat wijst op efficiënte verwarming op aanvraag. Het algehele lage energieverbruik weerspiegelt het kleine volume van een nano-aquarium.

Concrete adviezen

- ○ Integreer de verwarmingsstaaf direct in de filteruitlaat om een gelijkmatige warmteverdeling te waarborgen en ruimte te besparen.
- ○ Gebruik een regelbare, kleine ventilator om de watertemperatuur in de zomer te verlagen en tegelijkertijd de zuurstoftoevoer te verhogen.
- ○ Installeer een timer voor de filter om nachtelijke rustperiodes voor de aquariumbewoners te creëren en het energieverbruik te verminderen.
- ○ Plaats reflectoren rond de LED-lampen om de lichtopbrengst te maximaliseren en de plantengroei te bevorderen.
- ○ Gebruik een externe temperatuursensor om de watertemperatuur nauwkeurig te meten en de verwarmingsstaaf optimaal te regelen.
- ○ Gebruik een kleine oppervlakteafzuiger om de biofilm aan het wateroppervlak te verwijderen en de zuurstofopname te verbeteren.
- ○ Combineer een kleine binnenfilter met een luchtlift om de filterprestaties te verhogen en tegelijkertijd een zachte stroming te creëren.
- ○ Gebruik transparante slangen voor filter en luchtlift om de techniek visueel in het aquarium te integreren.
- ○ Bevestig de filter met zuignappen aan de achterwand om ruimte in het aquarium te besparen en een helder zicht te bieden.
- ○ Kies filtermedia met verschillende porositeit om zowel grove als fijne vuildeeltjes effectief te verwijderen.
- ○ Vervang een deel van het filtermateriaal door poreuze lavasteen om het oppervlak voor nuttige bacteriën te vergroten.
- ○ Reinig de filter regelmatig in stilstaand aquariumwater om de bacteriecultuur niet te beschadigen.
- ○ Controleer de filterprestaties door regelmatig de waterwaarden te meten, zodat je tijdig op problemen kunt reageren.

1. 2 Inrichtingsmaterialen

Opzetmaterialen vormen de basis van elk nano-aquarium. Bodem, decoratie en planten beïnvloeden in belangrijke mate de waterkwaliteit, de groei van planten en het welzijn van de bewoners van het aquarium. De keuze van de juiste materialen en hun indeling stelt aquarianen voor specifieke uitdagingen in de beperkte ruimte van een minibecken. Chemische reacties, groeikenmerken en de behoeften van de dieren moeten zorgvuldig op elkaar worden afgestemd. Ontdek in dit hoofdstuk hoe u de optimale omgeving voor uw onderwaterwereld kunt creëren.

De keuze van de bodem in het nano-aquarium is cruciaal, omdat deze niet alleen de basis voor planten vormt, maar ook de waterkwaliteit en het gehele ecosysteem beïnvloedt.

Bodemgrond en substraten

Bodemgrond en substraten vormen de basis van het leven in het nano-aquarium en beïnvloeden in belangrijke mate de waterkwaliteit en de groei van planten. De keuze van het juiste materiaal is daarom cruciaal voor een goed functionerend ecosysteem. Substraten dienen niet alleen als verankering voor waterplanten, maar bieden ook een leefomgeving voor nuttige micro-organismen die bijdragen aan de afbraak van verontreinigende stoffen [s6]. Deze bacteriën spelen een belangrijke rol in de stikstofcyclus door ammonium en nitriet om te zetten in minder schadelijk nitraat. Een poreuze bodemgrond bevordert de vestiging van deze micro-organismen en zorgt voor een optimale zuurstofvoorziening van de wortels. De korrelgrootte van de bodemgrond beïnvloedt de doorlatendheid en moet worden afgestemd op de behoeften van de geplante soorten. Fijnkorrelige bodemgrond is geschikt voor dichtgroeiende planten met fijne wortels, terwijl grofkorrelige bodemgrond voordelig is voor planten met stevigere wortels. De chemische eigenschappen van het substraat beïnvloeden de waterwaarden en de beschikbaarheid van voedingsstoffen voor de planten [s6]. De pH-waarde van de bodemgrond kan het water in het aquarium verzuren of alkalisch maken. Voor de meeste aquariumplanten is een licht zure tot neutrale pH-waarde optimaal. Sommige substraten, zoals bepaalde gesteenten, kunnen de waterhardheid beïnvloeden. Het is daarom raadzaam om de waterwaarden regelmatig te controleren en indien nodig aan te passen. De voedingssamenstelling van de bodemgrond speelt ook een belangrijke rol voor de groei van planten. Sommige substraten bevatten van nature voedingsstoffen, terwijl andere inert zijn en extra bemest moeten worden. Langdurige meststoffen die in de bodemgrond worden verwerkt, kunnen zorgen voor een continue voedingsvoorziening. Naast de klassieke aquariumgrind en -zand zijn er ook alternatieve substraten die in het nano-aquarium kunnen worden gebruikt. Zo kunnen onder andere Soil-substraten, die speciaal voor aquaria zijn ontwikkeld, de waterwaarden stabiliseren en de groei van planten bevorderen [s6]. Deze substraten zijn vaak verrijkt met voedingsstoffen en kunnen de noodzaak voor extra bemesting verminderen. Ook inerte substraten, zoals lavagesteente of kleikorrels, kunnen in het nano-aquarium worden gebruikt. Deze materialen bieden

een goed oppervlak voor de vestiging van bacteriën en beïnvloeden de waterwaarden nauwelijks. Bij de keuze van een inert substraat moet echter worden gelet op het feit dat het geen schadelijke stoffen aan het water afgeeft. De dikte van de bodemgrondlaag moet worden aangepast aan de grootte van het aquarium en de behoeften van de planten. In het nano-aquarium is een laag van 3-5 cm doorgaans voldoende. Een te dikke laag kan leiden tot zuurstofgebrek in de bodemgrond en de ontwikkeling van rottingsprocessen bevorderen. Voor het inbrengen in het aquarium moet de bodemgrond grondig worden gewassen om stof en andere verontreinigingen te verwijderen. Dit voorkomt troebelheid van het water en vermindert de belasting door ongewenste stoffen. De keuze van de juiste bodemgrond en substraten is een belangrijke factor voor het succes van een nano-aquarium. Door rekening te houden met de bovenstaande aspecten kan een gezond en stabiel ecosysteem worden gecreëerd waarin planten en dieren optimaal gedijen [s6]. De milieuaspecten bij de keuze van het substraat spelen ook in de aquaristiek een steeds grotere rol. Duurzame en milieuvriendelijke alternatieven voor traditionele materialen winnen aan belang [s6].

Goed om te weten

Soil-substraten

Soil-substraten zijn speciaal voor aquaria ontwikkelde bodemgronden die vaak verrijkt zijn met voedingsstoffen en de groei van planten bevorderen. Ze kunnen de waterwaarden stabiliseren en de behoefte aan extra bemesting verminderen. In het nano-aquarium zijn ze vanwege hun positieve eigenschappen populair.

pH-waarde

De pH-waarde geeft aan hoe zuur of alkalisch het water in het nano-aquarium is. Een neutrale pH-waarde ligt bij 7, waarden daaronder zijn zuur en daarboven alkalisch. De meeste aquariumplanten en -dieren geven de voorkeur aan een licht zure tot neutrale pH-waarde. Het substraat kan de pH-waarde beïnvloeden.

Substraten

Substraten in het nano-aquarium dienen als voedingsbodem voor waterplanten en bieden nuttige bacteriën een leefomgeving. Ze beïnvloeden de waterchemie en moeten zorgvuldig worden gekozen om een stabiel ecosysteem te waarborgen. Verschillende substraten, zoals voedingsrijke of inerte varianten, zijn beschikbaar en moeten worden afgestemd op de behoeften van de planten en de gewenste waterkwaliteit.

Korrelgrootteverdeling substraten

Korrelgrootteverdeling van verschillende substraten

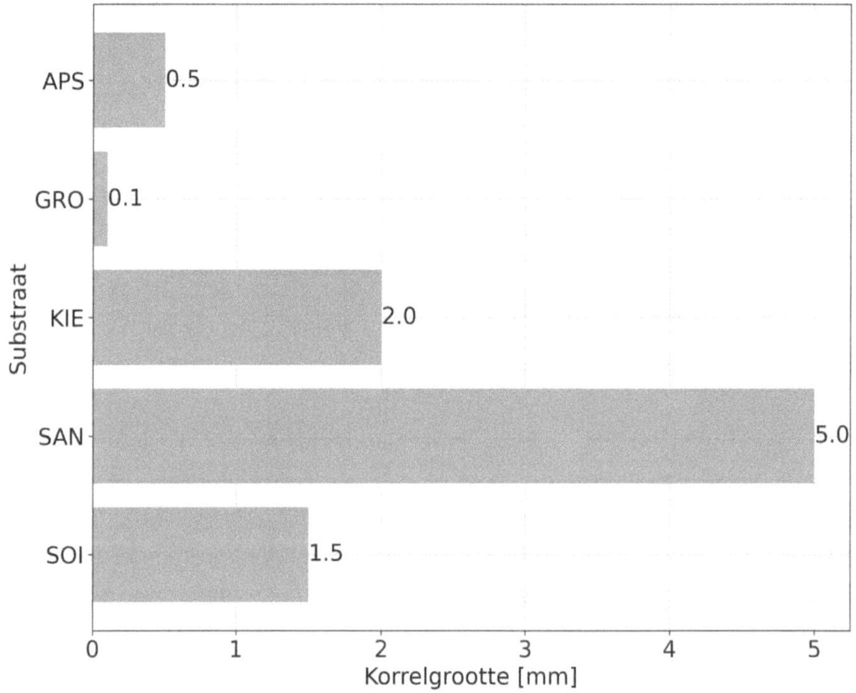

APS: Aquarium Plantenbodem

GRO: Grof grind

KIE: Grind

SAN: Fijn zand

SOI: Aarde

Het horizontale staafdiagram visualiseert de korrelgrootteverdeling van verschillende substraten. Fijn zand en aarde hebben de kleinste korrelgroottes, terwijl grind en grof grind aanzienlijk grotere korrels hebben. Dit beïnvloedt de doorlaatbaarheid en de geschiktheid voor verschillende planten- en diersoorten.

Decoratieve elementen

Decoratieve elementen in het nano-aquarium bieden uitgebreide mogelijkheden om de onderwaterwereld naar persoonlijke wensen in te richten en de dieren een natuurlijk habitat te bieden. Hierbij is het belangrijk om esthetiek en functionaliteit in balans te brengen. Verschillende materialen zijn beschikbaar, die elk specifieke eigenschappen en effecten op het aquariummilieu hebben. Hout, stenen en kunstmatige decoraties creëren structuur en bieden schuilplaatsen voor de bewoners van het aquarium. Zo kan een tak bedekt met mossen niet alleen als blikvanger dienen, maar ook als schuilplaats voor garnalen. De keuze van de materialen moet afgestemd zijn op de behoeften van de verzorgde soorten. De indeling van de elementen beïnvloedt de ruimtelijke waarneming en kan de illusie van diepte en ruimte creëren. Door strategische plaatsing van stenen en hout kunnen gevarieerde landschappen worden gevormd die de dieren verschillende leefomgevingen bieden. Hierbij moet aandacht worden besteed aan een evenwichtige inrichting, die zowel open zwemruimtes als beschermde gebieden omvat. De inrichting van de achterwand kan ook bijdragen aan de optische uitbreiding van de ruimte. Een donkere achterwand laat het aquarium dieper lijken, terwijl een lichte achterwand de ruimte optisch vergroot. [s7] Naast louter decoratie vervullen de elementen ook belangrijke functies in het aquarium. Ze bieden de dieren bescherming tegen roofdieren en stress, dienen als paaigebied en kunnen het water chemisch beïnvloeden. Bepaalde gesteenten kunnen de waterhardheid verhogen, terwijl hout huminezuren vrijgeeft, die de phwert verlagen en het water lichtbruin kleuren. Deze effecten kunnen doelgericht worden gebruikt om de waterwaarden aan te passen aan de behoeften van de verzorgde soorten. Het is echter belangrijk om de effecten van de gebruikte materialen op de waterchemie te kennen en regelmatig te controleren. [s7] De integratie van planten in de decoratie is een ander belangrijk aspect van de aquariuminrichting. Planten dragen niet alleen bij aan de zuurstofproductie, maar bieden de dieren ook voedsel en schuilplaatsen. Ze kunnen op hout en stenen worden bevestigd of direct in de bodem worden geplant. Hierbij moet rekening worden gehouden met de verschillende behoeften van de plantensoorten om optimale groei te waarborgen. De combinatie van verschillende plantensoorten en -vormen creëert een gevarieerd en natuurlijk beeld. [s8] Bij de keuze en indeling van de elementen moeten ook esthetische principes in overweging worden genomen. Het gebruik van contrasten, verhoudingen en symmetrieën kan de visuele impact van het aquarium versterken. Een harmonieuze kleurstelling draagt ook bij aan de esthetiek. Roodachtige stenen kunnen bijvoorbeeld een aantrekkelijk contrast vormen met groene planten. Ook het gebruik van verschillende texturen kan de optische diversiteit verhogen. De inrichting van het aquarium moet echter altijd in overeenstemming zijn met de behoeften van de dieren en hen een diervriendelijke omgeving bieden. [s9] Het onderhoud van de decoratie-elementen is ook een belangrijk aspect. Hout en stenen moeten regelmatig worden gecontroleerd op algengroei en vervuiling en indien nodig worden gereinigd. Kunstmatige decoraties kunnen met een zachte borstel of een slang worden afgespoeld. Bij het reinigen mogen geen agressieve schoonmaakmiddelen worden gebruikt, omdat deze het aquariumwater kunnen belasten en de dieren kunnen schaden. Regelmatig onderhoud van de decoratie-elementen draagt bij aan het behoud van de waterkwaliteit en het welzijn van de bewoners van het aquarium.

Mos [i2]

aquariumplant [i3]

Goed om te weten

Habitat

De leefomgeving van de aquariumbewoners, die door de inrichtingselementen wordt nagebootst. Een natuurlijk habitat biedt de dieren veiligheid en welzijn.

Huminezuren

Natuurlijke zuren die door sommige houtsoorten worden afgegeven en de pH-waarde in het aquarium kunnen verlagen. Ze kleuren het water lichtbruin.

Materialen voor Nano Aquarium Decoratie

Verdeling van decoratiematerialen in nano aquaria.

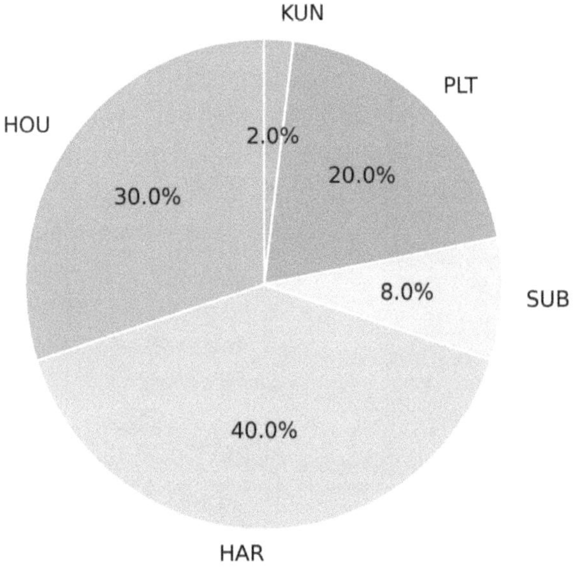

HAR: Hardscape (Stenen, Rotsen)
KUN: Kunstmatige Decoratie (Ornamenten)
SUB: Substraat (Grind, Zand)
HOU: Hout (Drijf- en Takhout)
PLT: Planten (Levend of Kunstmatig)

De gegevens laten een voorkeur zien voor natuurlijk ogende aquascapes in nano aquaria. Hardscape vormt de basis en biedt structuur en schuilplaatsen. Hout voegt een naturalistische esthetiek en biologische voordelen toe. Planten dragen bij aan de waterkwaliteit en visuele aantrekkingskracht. Hoewel substraat een basis vormt voor planten en visueel contrast, neemt het een kleiner deel in vanwege de beperkte ruimte in een nano-opstelling. Het minimale gebruik van kunstmatige decoratie suggereert een focus op biotoopreplicatie of een minimalistische ontwerpfilosofie.

Waterplanten voor mini-aquaria

Waterplanten vervullen in het mini-aquarium diverse taken die verder gaan dan alleen decoratie. Ze dragen bij aan de stabilisatie van het ecosysteem door voedingsstoffen op te nemen en zuurstof te produceren. De keuze van de juiste soorten hangt af van de omstandigheden in het aquarium en de behoeften van de andere bewoners. Eendenkroos (*Lemna* sp.) bijvoorbeeld, absorbeert efficiënt voedingsstoffen en dient sommige vissoorten zelfs als voedsel [s10]. Andere soorten, zoals *C. asiatica*, kunnen zelfs ammoniak verminderen en zo de waterkwaliteit verbeteren [s11]. Het vermogen van bepaalde planten om verontreinigingen te absorberen, kan doelgericht worden ingezet voor fytoremediatie. Zo kunnen sommige waterplanten zelfs microplastics uit het water filteren, waarbij de hoeveelheid adsorptie afhangt van de concentratie en de blootstellingsduur [s12]. Bij het kiezen van de planten moet rekening worden gehouden met hun groeigedrag. Snelgroeiende soorten zoals waterveen (*Azolla* sp.) kunnen binnen korte tijd het wateroppervlak bedekken en zo de lichtinval verminderen [s10]. Dit kan ongewenste effecten hebben op andere planten en de zuurstoftoevoer van het water. Daarom is regelmatig uitdunnen, te vergelijken met het snoeien van planten in de tuin, essentieel om een evenwicht in het mini-aquarium te behouden. De integratie van waterplanten is niet alleen esthetisch waardevol, maar ook een kosteneffectieve en milieuvriendelijke manier om de waterkwaliteit te verbeteren en een gezond habitat voor de aquariumbewoners te creëren [s10]. Het in overweging nemen van de individuele eigenschappen van de verschillende plantensoorten is essentieel voor een functionerend en aantrekkelijk mini-aquarium. De biodiversiteit binnen een geslacht, zoals bij *Cryptocoryne*, kan de identificatie bemoeilijken, maar biedt tegelijkertijd een grote verscheidenheid aan vormen en kleuren voor de inrichting [s13]. De genetische gelijkenis binnen dit geslacht, herkenbaar aan bewaarde

plastomale structuren, wijst op vergelijkbare verzorgingseisen [s13]. De analyse van microsatellieten kan inzicht geven in de genetische diversiteit en helpen bij het selecteren van geschikte planten voor specifieke omstandigheden in het mini-aquarium [s13]. De aanpassingsvermogen van waterplanten aan aquatische leefomgevingen blijkt ook uit de RNA-bewerking en de positieve selectie van bepaalde genen [s13]. Deze kennis kan helpen om de optimale omstandigheden voor de geselecteerde planten in het mini-aquarium te creëren en zo hun groei en positieve invloed op het ecosysteem te bevorderen.

Goed om te weten

Ammoniak

Een giftige stof die in het aquarium ontstaat door visafval. Planten kunnen helpen om ammoniak af te breken.

Fytoremediatie

Het gebruik van planten om verontreinigingen uit het water in het aquarium te verwijderen, bijvoorbeeld door opname in de planten of door afbraak van de verontreinigingen door de planten.

Plastomale structuren

Structuren in de chloroplasten van planten die belangrijk zijn voor de fotosynthese en gebruikt kunnen worden om de verwantschap van plantensoorten te bepalen.

Positieve selectie

Een proces van natuurlijke selectie waarbij voordelige genen, die de aanpassing aan de omgeving bevorderen, vaker in een populatie voorkomen.

Groeihoogtes van waterplanten

Ideale planten voor nano-aquaria

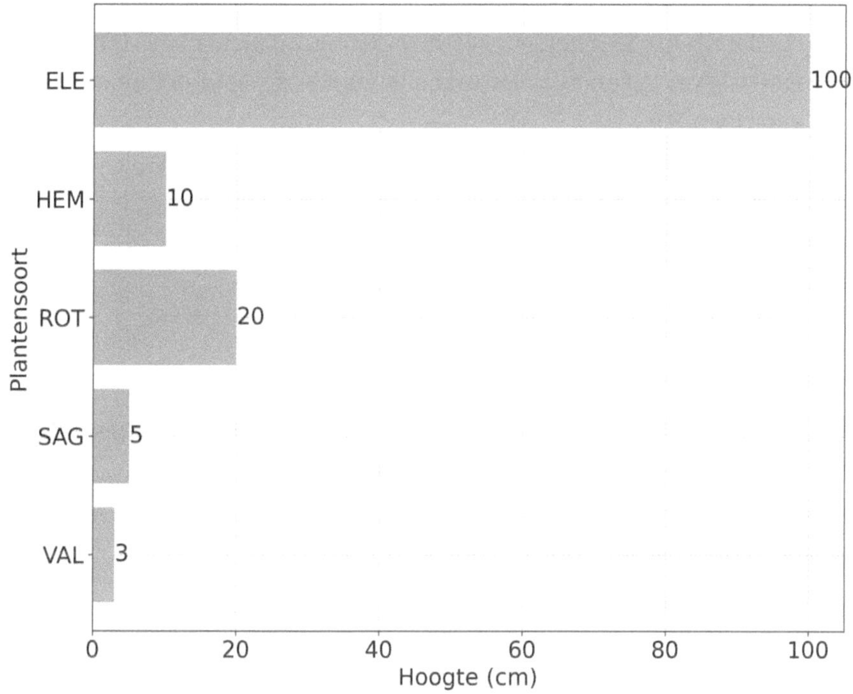

ELE: Eleocharis sp. Mini

HEM: Hemianthus callitrichoides 'Cuba'

ROT: Rotala rotundifolia

SAG: Sagittaria subulata

VAL: Vallisneria gigantea

Het horizontale staafdiagram visualiseert de groeihoogtes van verschillende waterplantensoorten. Het laat duidelijk zien dat Eleocharis sp. Mini en Hemianthus callitrichoides 'Cuba' met een geringere hoogte ideaal zijn voor nano-aquaria, terwijl Vallisneria gigantea vanwege zijn hoogte ongeschikt is voor dergelijke aquaria.

Concrete adviezen

- Geef de achterwand van uw nano-aquarium vorm met leisteenplaten om een natuurlijke uitstraling te creëren en de vissen extra klimmogelijkheden te bieden.
- Gebruik kleine klei-buizen als schuilplaatsen voor garnalen en jonge vissen en plant deze met mossen.
- Bind epifytische planten zoals Java-varens op kleine lavastenen om natuurlijke accenten te creëren en tegelijkertijd het filteroppervlak te vergroten.
- Creëer een kleine grot van op elkaar gestapelde, platte kiezelstenen en bied zo uw aquariumbewoners een veilige schuilplaats.
- Gebruik een gebogen wortel als centraal ontwerpelement en plant deze met verschillende mossen en epifytische planten.
- Integreer een kleine, gehalveerde kokosnootschaal als schuilplaats en plant de rand met kleinblijvende waterplanten.
- Plaats een miniatuurlandschap van kleine, afgeronde stenen en zand op een verhoogd platform in het aquarium.
- Gebruik platte stenen om verschillende niveaus in het aquarium te creëren en zo de bruikbare ruimte voor planten en dieren te vergroten.
- Bevestig kleinblijvende waterplanten met een dunne, transparante nylon draad op wortels of stenen om een natuurlijke begroeiing na te bootsen.
- Creëer een klein "planten-eiland" van een met mos bedekt kurkstuk dat op het wateroppervlak drijft.
- Gebruik een platte schaal met aquariumgrind om een kleine zandbank in de voorgrond van het aquarium te creëren.
- Plaats enkele zorgvuldig geselecteerde schelpen in het aquarium om de natuurlijke uitstraling te benadrukken en de garnalen kalk te bieden.

1. 3 Waterbehandeling

In het nano-aquarium fluctueren de waterwaarden snel en beïnvloeden ze het gevoelige ecosysteem. Stabiele parameters zoals pH-waarde, temperatuur, hardheid en de concentratie van ammoniak, zuurstof en mineralen zijn cruciaal voor het welzijn van de bewoners. Fouten bij de waterbehandeling kunnen leiden tot tekorten, ziekten en in het ergste geval tot het verlies van de dieren. De juiste waterbehandeling in het nano-aquarium vereist daarom een grondig begrip van de chemische processen en de behoeften van de verschillende soorten. Zowel de keuze van de waterbron als het gebruik van geschikte behandelingsmiddelen spelen een belangrijke rol. Ontdek in dit hoofdstuk hoe u de waterkwaliteit in uw nano-aquarium kunt optimaliseren en zo de basis kunt leggen voor een bloeiend miniatuurbioom.

Juist in nano-aquaria is de gerichte waterbehandeling met afgestemde middelen, naast de regelmatige controle van de waterwaarden, essentieel voor een stabiel en gezond ecosysteem.

Waterwaarden in het kleine aquarium

Waterwaarden in het kleine aquarium ondergaan constante schommelingen en vereisen daarom regelmatige controle. Bijzondere parameters zoals Alkaliniteit, pH-waarde, temperatuur, hardheid, Ammoniak (NH3/NH4+), opgeloste zuurstof, saliniteit en Geleiding moeten in de gaten worden gehouden [s14]. Een stabiele pH-waarde is belangrijk voor het welzijn van de bewoners van het aquarium. Waarden tussen 6,8 en 8,5 worden aanbevolen [s15]. De temperatuur beïnvloedt niet alleen de levensprocessen van de dieren, maar ook chemische processen zoals de oplosbaarheid van gassen en de toxiciteit van ammoniak [s16]. Een aquarium met tropische vissen vereist bijvoorbeeld een temperatuur tussen 24 en 30°C [s15]. Alkaliniteit beïnvloedt de pH-stabiliteit en de efficiëntie van de biologische filtratie. Deze zou tussen 50 en 150 mg/L CaCO3 moeten liggen [s16]. De waterhardheid, gemeten in CaCO3, is relevant voor diverse fysiologische processen van de bewoners van het aquarium en kan worden gereguleerd door mineralen toe te voegen [s16]. Ook de saliniteit beïnvloedt de osmotische balans van de dieren en moet binnen een optimaal bereik worden gehouden om groei en voortplanting te waarborgen [s16]. Ammoniak, een giftig afvalproduct, moet in gesloten systemen worden gecontroleerd. De biologische filtratie zet ammoniak om in minder giftige vormen [s16]. In een nieuw ingericht systeem moet de Biofilter eerst worden gevestigd om ammoniak effectief af te breken [s17]. De hoeveelheid opgeloste zuurstof is ook cruciaal voor de ademhaling van de dieren. Voor warmwatervissen wordt een minimum van 4 mg/L aanbevolen [s16]. In de praktijk kan dit worden verzekerd door voldoende oppervlaktebeweging of het gebruik van een luchtpomp. Optimale waterparameters in een volwassen systeem zijn NH3/NH4+ = 0 ppm, NO2– < 1 ppm, NO3– < 40 ppm en een alkaliniteit > 40 ppm [s17]. Wekelijkse controles van de waterkwaliteit, vooral in goed gevestigde aquaria, zijn aan te raden [s17]. De waterbehandeling kan plaatsvinden door middel van Omgekeerde osmose, gevolgd door de toevoeging van zeezout en natriumbicarbonaat om de geleidbaarheid en pH-waarde te reguleren [s17].

Kraanwater moet voor gebruik worden ontchloord, omdat chloor schadelijk is voor vissen. Dit kan worden bereikt door het water minstens 48 uur te laten staan [s14]. Filteronderhoud en de regelmatige vervanging van filtermedia zorgen voor een optimale watercirculatie en -kwaliteit [s14]. Overvoeding verhoogt de nitraatwaarden en kan een negatieve invloed hebben op de vissen [s14]. In een klein aquarium met een kwetsbaar ecosysteem zijn deze maatregelen bijzonder belangrijk. Ook de regelmatige gedeeltelijke waterverversingen spelen een rol bij het stabiliseren van de waterwaarden.

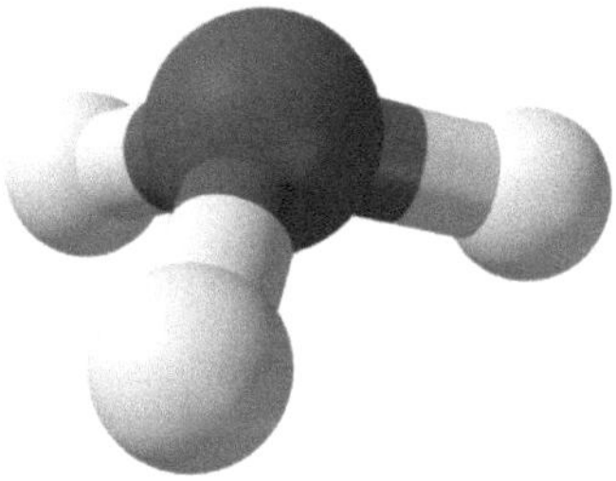

Ammoniak [i4]

Goed om te weten

Alkaliniteit

De alkaliniteit in het nano-aquarium buffert de pH-waarde en voorkomt sterke schommelingen die schadelijk kunnen zijn voor de vissen. Het wordt bepaald door de concentratie van waterstofcarbonaat, carbonaat en hydroxiden.

Biofilter

De biofilter herbergt nuttige bacteriën die schadelijke stoffen zoals ammoniak en nitriet omzetten in minder schadelijke nitraten. Een goed functionerende biofilter is essentieel voor een gezond nano-aquarium.

Geleding

De geleidbaarheid geeft aan hoe goed het water in het nano-aquarium elektriciteit geleidt. Het is een maat voor de hoeveelheid opgeloste zouten en mineralen en kan worden gebruikt om de waterkwaliteit te controleren.

Omgekeerde osmose

Omgekeerde osmose is een waterbehandelingsprocedure die ongewenste stoffen uit het water filtert met behulp van druk. Zo verkrijgt men puur water voor het nano-aquarium, waaraan gericht mineralen kunnen worden toegevoegd.

Waterparameters Nano Aquarium

Relatie tussen pH, temperatuur en hardheid in een nano aquarium.

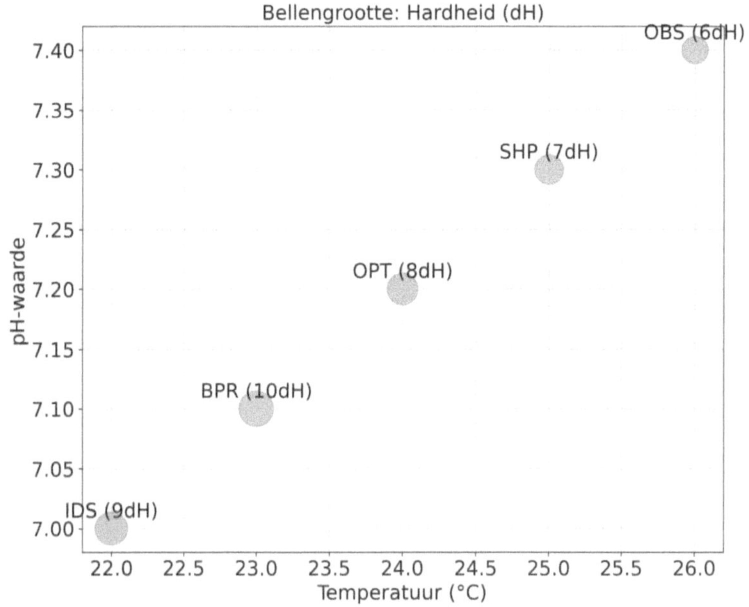

Blasengröße: Hardheid (dH)

BPR: Beste Bereik

IDS: Ideaal voor Sommige

OBS: Nauwlettend in de Gaten Houden

OPT: Optimaal Bereik

SHP: Iets Hoge pH

De grafiek laat een mogelijk verband zien tussen temperatuur en pH, waarbij hogere temperaturen lijken te corresponderen met iets hogere pH-waarden. Bovendien lijkt de hardheid relatief stabiel over het waargenomen temperatuurbereik, wat suggereert dat temperatuurschommelingen minimale invloed hebben. De grotere bellen geven specifieke combinaties van parameters aan waar succesvolle viskweek waarschijnlijker is, terwijl kleinere bellen minder ideale omstandigheden kunnen vertegenwoordigen.

Mineralen en Spoorelementen

Mineralen en spoorelementen zijn essentieel voor een goed functionerend nano-aquarium, omdat ze niet alleen het water chemisch beïnvloeden, maar ook de gezondheid van de aquariumbewoners direct raken. umkehrosmose, een gangbare methode voor waterbehandeling, verwijdert weliswaar ongewenste stoffen, maar ook belangrijke mineralen [s18]. Dit mineralentekort kan leiden tot problemen, zoals een verstoorde opname van mineralen bij vissen en ongewervelden. Een voorbeeld hiervan is de demineralisatie van botten en tanden, die door mineraalarme water kan worden bevorderd [s18]. Daarom is een remineralisatie van het water na de behandeling door omgekeerde osmose noodzakelijk om de ontbrekende mineralen weer aan te vullen [s18]. Dit kan gebeuren door speciale mineralenadditieven die zijn afgestemd op de behoeften van de respectieve aquariumbewoners. Naast de hoofdmineralen zoals calcium en magnesium spelen ook spoorelementen een belangrijke rol. Strontium bevordert bijvoorbeeld de botopbouw bij bepaalde vissoorten [s19], wat de stabiliteit van het skelet verbetert en de weerstand tegen ziekten verhoogt. Ook jodium, dat door sommige mariene algen wordt verrijkt [s20], is van vitaal belang voor veel organismen en moet in de juiste dosering aanwezig zijn. Een evenwichtige voorziening van mineralen en spoorelementen draagt dus aanzienlijk bij aan het langdurige succes van het nano-aquarium. Door regelmatige watertests en gerichte mineralenaanvulling kunnen tekorten worden voorkomen en optimale omstandigheden voor de aquariumbewoners worden gecreëerd. Goed gemineraliseerd water biedt niet alleen een stabiele basis voor het ecosysteem, maar ondersteunt ook de vitaliteit en de gezonde groei van de dieren en planten.

Strontium [i5]

vissenskelet [i6]

Goed om te weten

Remineralisatie

Het toevoegen van mineralen aan water dat door processen zoals omgekeerde osmose van mineralen is ontdaan. Dit is belangrijk om de juiste waterchemie voor het nano-aquarium te creëren en het welzijn van de aquariumbewoners te waarborgen.

Spoorelementen

Elementen die slechts in zeer kleine hoeveelheden nodig zijn, maar toch van vitaal belang voor de gezondheid en groei van aquariumbewoners. Ze spelen een rol bij stofwisselingsprocessen en de immunfunctie.

Mineralenconcentratie in Nano Aquariumwater

Ideale versus gemeten mineralenwaarden

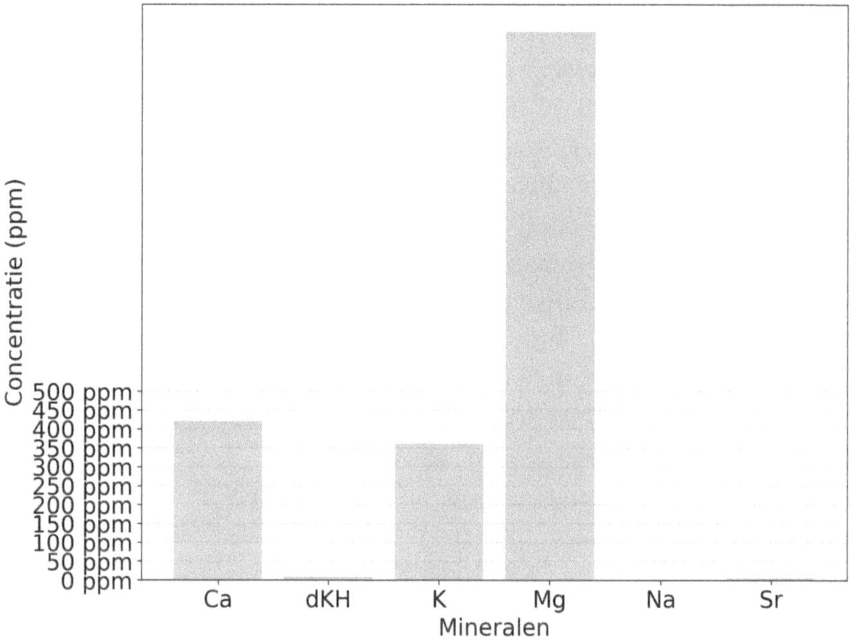

Ca: Calcium

dKH: Carbonaathardheid

K: Kalium

Mg: Magnesium

Na: Natrium

Sr: Strontium

Deze grafiek benadrukt mogelijke onevenwichtigheden in het mineraalgehalte van het nano-aquarium. Verhoogd magnesium suggereert het gebruik van een magnesiumrijke zoutmix of suppletie. Hoewel calcium binnen het ideale bereik ligt, kunnen de aanzienlijk lagere strontium- en kaliumgehaltes de koraalgroei en algehele biologische processen beïnvloeden. Verder onderzoek en aanpassingen worden aanbevolen om een uitgebalanceerd mineralenprofiel te bereiken.

Waterbehandelingsmiddelen

Waterbehandelingsmiddelen dienen in het nano-aquarium voor de gerichte aanpassing van het water aan de behoeften van de bewoners en dragen zo cruciaal bij aan de stabiliteit van het gevoelige ecosysteem. Naast de remineralisering van met omgekeerde osmose behandeld water vervullen ze andere belangrijke functies, waaronder de neutralisatie van schadelijke stoffen. Chloor in leidingwater bijvoorbeeld, schadelijk voor veel aquariumbewoners, kan betrouwbaar worden verwijderd met de juiste middelen. Bovendien kunnen waterbehandelingsmiddelen ook organische schadelijke stoffen verminderen die zich in het aquarium kunnen ophopen. Ozonering, een effectieve methode voor het verwijderen van dergelijke sporenstoffen, wordt meestal in grotere installaties toegepast, maar illustreert het potentieel van moderne technieken. Ook de controle van de kiembelasting speelt een rol, vooral in de inrijperiode of na het opnieuw introduceren van dieren. Hier komen speciale middelen aan te pas die de bacteriële belasting verminderen en zo het risico op infecties kunnen minimaliseren. De keuze van het juiste waterbehandelingsmiddel hangt af van verschillende factoren, waaronder het type gebruikte waterbron (leidingwater, osmosewater), de bezettingsdichtheid en de specifieke behoeften van de gehouden soorten. Voor een beplante nano-aquarium met gevoelige garnalen zijn bijvoorbeeld speciale producten geschikt die zowel chloor neutraliseren als zware metalen binden en belangrijke sporenelementen toevoegen. In een aquarium met robuustere vissoorten kan de focus daarentegen liggen op het verwijderen van organische schadelijke stoffen en het stabiliseren van de pH-waarde. Het is belangrijk om de doseringinstructies van de fabrikant nauwkeurig te volgen om een overdosering en daarmee samenhangende negatieve effecten op het aquariummilieu te vermijden. Regelmatige watertests helpen om het succes van de maatregelen te controleren en indien nodig aanpassingen

te maken. Het gerichte gebruik van waterbehandelingsmiddelen, gecombineerd met regelmatige waterzorg en een goed functionerend filtersysteem, vormt zo de basis voor een gezond en stabiel nano-aquarium.

Goed om te weten

Doseringinstructies
De door de fabrikant aanbevolen hoeveelheid waterbehandelingsmiddel die afhankelijk van de aquariummaat en waterwaarden gebruikt moet worden.

Organische Schadelijke Stoffen
Afbraakproducten van planten en dieren, evenals voederesten, die zich in het aquarium ophopen en de waterkwaliteit kunnen beïnvloeden.

Overdosering
Het gebruik van een te hoge hoeveelheid waterbehandelingsmiddel, wat negatieve effecten op het aquariummilieu en de bewoners kan hebben.

Remineralisering
Het herstellen van belangrijke mineralen in het water, die door processen zoals omgekeerde osmose zijn verwijderd, is essentieel voor het welzijn van de aquariumbewoners.

Additieven voor waterbehandeling in nanoaquaria

Typische verdeling van additieven voor waterbehandeling in nanoaquaria.

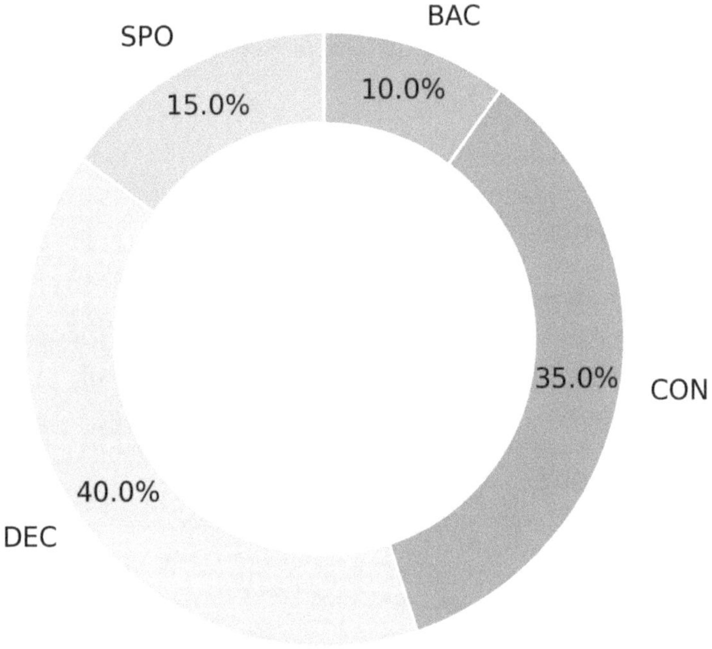

BAC: Nuttige bacteriën

CON: Waterconditioner

DEC: Dechlorinator

SPO: Sporenelementen

Het grootste segment vertegenwoordigt de essentiële dechlorinator, essentieel voor het verwijderen van schadelijk chloor. Het significante deel dat is gewijd aan waterconditioners suggereert een nadruk op het aanpassen van waterparameters voor gevoelige nano-bewoners. Hoewel kleiner, spelen de sporenelementen en gespecialiseerde bacterie-additieven een cruciale rol bij het behouden van een bloeiend nano-ecosysteem.

Concrete adviezen

- Gebruik regenwater als gratis en natuurlijke waterbron voor uw nano-aquarium, nadat u het gefilterd en behandeld heeft.
- Experimenteer met elsentakken in het filter om het water op natuurlijke wijze licht zuur te maken en de bacteriële belasting te verminderen.
- Gebruik veen in een aparte filterzak om huminezuren toe te voegen en het water zachter te maken.
- Bereid uw water voor met een mengsel van gedestilleerd water en kraanwater om de kosten voor osmosewater te verlagen en tegelijkertijd de noodzakelijke mineralen te behouden.
- Filter uw kraanwater door actieve kool om medicijnresten en andere verontreinigingen te verwijderen, voordat u verdere behandelingsmiddelen gebruikt.
- Bepaal de optimale watercompositie voor uw aquariumbewoners door gerichte watertests en pas de behandeling individueel aan.
- Meng uw eigen remineralisatiezout uit afzonderlijke componenten om de mineralenvoorziening optimaal af te stemmen op uw dieren.
- Voer een gedeeltelijke waterverversing uit met mineralenrijk bronwater om de waterkwaliteit te verbeteren en de mineralenbalans te stabiliseren.
- Controleer de waterwaarden na elke waterverversing om ervoor te zorgen dat de gewenste parameters zijn bereikt.
- Documenteer alle uitgevoerde waterbehandelingsstappen en de gemeten waterwaarden om op lange termijn een optimaal waterbeheer te waarborgen.
- Onderzoek de natuurlijke watercompositie van het herkomstgebied van uw aquariumbewoners en probeer deze na te bootsen in het nano-aquarium.
- Deel uw ervaringen met andere nano-aquarianen over hun waterbehandelingstechnieken en laat u inspireren.

Terugblik - 1. Basisuitzetting Nano Aquarium

Het opzetten van een nano-aquarium lijkt op het eerste gezicht eenvoudig, maar het beperkte watervolume vereist een zorgvuldige selectie van de basisuitrusting. Filter, verlichting, verwarming en bodemsubstraat moeten perfect op elkaar zijn afgestemd om een stabiel en gezond mini-ecosysteem te creëren. Laten we beginnen met de filtratie: voor nano-aquaria zijn compacte binnen- of rugfilters geschikt. Let op een passende filtercapaciteit die is afgestemd op uw bezetting. Te sterke stromingen veroorzaken stress bij de bewoners, terwijl een onvoldoende filtratie de waterkwaliteit in gevaar brengt. Overweeg het gebruik van innovatieve filtermedia zoals TiO2-gecoate cenosferen, die een duurzame alternatieve zijn voor traditionele actieve kool. Vergeet niet dat vooral in de inrijperiode regelmatige watertests essentieel zijn om de ontwikkeling van het biologische filter te monitoren en indien nodig met bacteriënpreparaten te ondersteunen.

De verlichting is ook een cruciale factor. Moderne LED-systemen bieden diverse mogelijkheden om de lichtomstandigheden in het nano-aquarium optimaal te regelen. Kies een systeem met instelbare kleurtemperatuur en lichtintensiteit om tegemoet te komen aan de behoeften van uw planten en dieren. Een timer om het natuurlijke dag-nacht ritme te simuleren draagt bij aan het welzijn van de bewoners. Let bij de installatie op een gelijkmatige belichting om schaduwvorming te voorkomen en de groei van algen te minimaliseren. Houd ook rekening met de invloed van licht op het gedrag van uw aquariumbewoners – een geleidelijke overgang van blauw licht naar wit daglicht kan stress verminderen.

De temperatuurregeling in het kleine aquarium vereist bijzondere aandacht. Kies een regelaar met het juiste wattage voor uw tankvolume en plaats deze zo dat de warmte gelijkmatig wordt verdeeld. Een thermometer, bij voorkeur met alarmfunctie, helpt u de temperatuur binnen het optimale bereik te houden en temperatuurschommelingen te vermijden die schadelijk kunnen zijn voor de dieren. In de zomer kunnen ventilatoren worden gebruikt voor koeling. Vergeet niet dat de temperatuur ook de waterchemie beïnvloedt, zoals de oplosbaarheid van zuurstof en de toxiciteit van ammoniak.

Het bodemsubstraat vormt de basis voor uw nano-aquarium. Kies een substraat dat voldoet aan de behoeften van uw planten. Fijnkorrelig bodemsubstraat is geschikt voor dichte plantengroei, terwijl grofkorrelig substraat voordelig is voor planten met stevigere wortels. Let op de chemische eigenschappen van het substraat, met name de pH-waarde en de voedingssamenstelling. Soil-substraten bieden een goede voedingsbasis voor planten, terwijl inerte substraten extra bemesting kunnen vereisen.

De inrichting met decoratieve elementen zoals stenen, hout en planten rondt de opzet af. Creëer schuilplaatsen en structureer de ruimte om uw aquariumbewoners een natuurlijk habitat te bieden. Houd rekening met de mogelijke effecten van de materialen op de waterchemie. Ook hier geldt: minder is meer. Overlaad het kleine aquarium niet, maar creëer een harmonieuze en functionele omgeving.

Met de juiste basisuitrusting en wat geduld kunt u een fascinerend mini-ecosysteem in uw nano-aquarium creëren. Wees oplettend, observeer uw aquariumbewoners en pas de omstandigheden indien nodig aan. De moeite waard – een bloeiend nano-aquarium is een prachtige blikvanger en een verrijking voor elke ruimte.

2. Bezetting en Soortenkeuze

Wie droomt er niet van het creëren van een fascinerend onderwater-miniparadijs? De keuze van de juiste bewoners is cruciaal voor het succes of falen van een nano-aquarium. Terwijl sommige soorten in kleine bakken echt opbloeien, hebben andere duidelijk meer zwemruimte nodig voor hun welzijn. De perfecte balans tussen flora en fauna zorgt niet alleen voor een aantrekkelijk geheel, maar garandeert ook een stabiel ecosysteem. In dit hoofdstuk ontdekt u welke waterbewoners geschikt zijn voor uw minibecken - en welke verrassende combinaties mogelijk zijn.

2. 1 Zoetwaterbewoners

De selectie van bewoners voor een nano-aquarium bepaalt het succes ervan. Bezettingsdichtheid, soortcompatibiliteit en de individuele behoeften van de dieren beïnvloeden de waterkwaliteit en het biologische evenwicht. Foute beslissingen leiden snel tot ziekten en verliezen. Dit hoofdstuk behandelt de diervriendelijke verzorging van vissen, garnalen, slakken en andere micro-organismen in de beperkte ruimte van een minibecken. De belangrijkste criteria voor een succesvolle soortkeuze en bezettingsplanning worden toegelicht. Ontdek nu hoe u een harmonisch en stabiel ecosysteem in miniatuurformaat kunt creëren.

Het in overweging nemen van de behoeften van alle aquariumbewoners, inclusief slakken en microscopische organismen, is essentieel voor een stabiel en gezond nano-aquarium.

Kleine vissen voor Nano aquaria

Nano-aquaria bieden beperkte ruimte, waardoor de keuze van vissoorten zorgvuldig moet worden gemaakt. Kleine aquaria vereisen kleine vissen die zich in het gegeven volume prettig voelen en de waterparameters niet overmatig belasten. De grootte van het aquarium is cruciaal: In een 10-liter nano zouden helemaal geen vissen gehouden moeten worden, omdat de ruimte voor een diervriendelijke huisvesting niet voldoende is. Vanaf 20 liter zijn enkele zeer kleine soorten mogelijk, een 30-liter aquarium biedt iets meer keuze. Vissen die geschikt zijn voor nano-aquaria mogen maximaal 5 cm groot zijn als ze volwassen zijn. Grotere vissen produceren meer afvalstoffen en hebben meer zwemruimte nodig. Een overbevolkt nano-aquarium leidt snel tot een verslechtering van de waterkwaliteit, wat ziekten en vissterfte bevordert. Let op de sociale samenstelling: niet alle kleine vissen kunnen goed met elkaar overweg. Informeer naar het sociale gedrag en de behoeften van de gewenste soorten voordat u ze samenvoegt. Sommige soorten zijn beter geschikt voor nano-aquaria dan andere. Populaire en robuuste nano-vissen zijn bijvoorbeeld de dwergpantsermeerval (Corydoras pygmaeus). Deze vredelievende bodembewoners blijven klein, zijn sociaal en helpen om voedselresten op de bodem op te ruimen. Ze hebben echter een groep van minimaal vijf dieren nodig om zich prettig te voelen. Daarom moeten ze pas vanaf een volume van 30 liter worden ingezet. Ook enkele kleine salmler soorten, zoals de funkensalmler (Hyphessobrycon amandae), kunnen in nano-aquaria worden gehouden. Deze scholen vissen hebben ook een groep van minimaal zes tot acht dieren nodig en geven de voorkeur aan dichtbeplante aquaria. Door de beplanting ontstaan schuilplaatsen en lijkt het aquarium natuurlijker. Let bij het kiezen van de planten op kleinblijvende soorten die de beperkte ruimte niet te snel overwoekeren. Naast de grootte van het aquarium en de vissoort is de filtratie in het nano-aquarium belangrijk. Een goede filter zorgt voor schoon water en verwijdert schadelijke stoffen. Kies een filter dat is afgestemd op de grootte van het aquarium en niet te sterke stroming genereert. Veel nano-vissen geven de voorkeur aan rustig water. Regelmatige gedeeltelijke waterwisselingen, ongeveer 1/3 van het water per week, zijn ook essentieel om de waterkwaliteit stabiel te houden en schadelijke stoffen te verwijderen die de filter niet kan opvangen. De voeding in het nano-aquarium moet spaarzaam zijn. Overvoeding leidt tot een verhoogde waterbelasting en kan algengroei bevorderen. Voer liever meerdere keren per dag kleine porties die binnen enkele minuten worden gegeten. Zorg voor een gevarieerd voedselaanbod om de vissen optimaal van voedingsstoffen te voorzien. Levende of diepvriesvoer is een goede aanvulling op het droogvoer en bevordert de gezondheid en het welzijn van de vissen. Voordat u vissen in uw nano-aquarium plaatst, moet u het aquarium voldoende laten inrijden. Dit betekent dat het aquarium enkele weken zonder vissen moet draaien, zodat nuttige bacteriën zich in de filter en in de bodem kunnen vestigen. Deze bacteriën breken schadelijke stoffen af en zorgen voor een stabiel biologisch evenwicht. Met een watertest kunt u de waterwaarden controleren en ervoor zorgen dat het aquarium klaar is voor de bezetting met vissen. Bij het kiezen van de vissen voor uw nano-aquarium moet u de behoeften van de dieren vooropstellen. Informeer grondig naar de verschillende soorten en kies vissen die qua grootte en gedrag bij uw aquarium passen. Een goed gepland en onderhouden nano-aquarium kan een fascinerend biotoop in miniatuur zijn en u veel plezier brengen. Let op de juiste grootte van het aquarium, de passende filtratie, regelmatige waterwisselingen en een aangepaste voeding. Zo creëert u optimale omstandigheden voor uw nano-vissen en kunt u hun gedrag in een natuurlijke omgeving observeren. Denk eraan, minder is meer: een overbevolkt nano-aquarium leidt snel tot problemen. Richt u liever op enkele goed gekozen soorten die zich in uw mini-biotoop prettig voelen en een lang, gezond leven kunnen leiden. Een 30-liter nano met een school funkensalmler, enkele dwerggarnalen en een paar slakken kan bijvoorbeeld een aantrekkelijk en onderhoudsvriendelijk aquarium zijn.

Diepvriesvoer [i7]

Tetra [i8]

Maximale grootte van nanuvissen

Max. grootte in cm

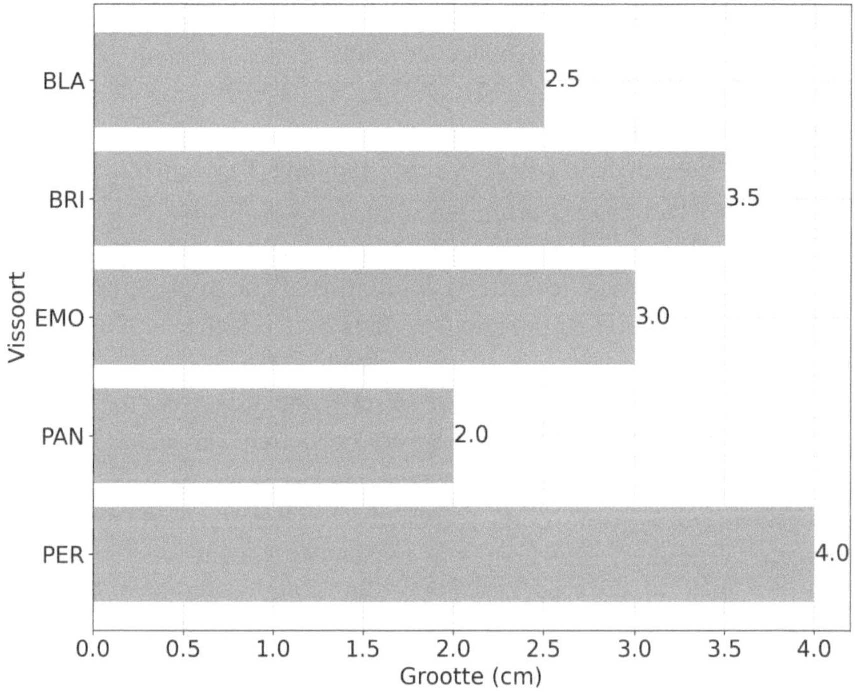

BLA: Dwergblauwbaars

BRI: Boraras brigittae

EMO: Muskietenrasbora

PAN: Panda Pantsermeerval

PER: Parelmoervinvis

Het staafdiagram visualiseert de maximale grootte van verschillende vissoorten die geschikt zijn voor nano-aquaria. Boraras brigittae en parelmoervinvis blijven het kleinst, terwijl de dwergblauwbaars met 4 cm de grootste weergegeven soort is. Dit illustreert de grootteverschillen en helpt bij het selecteren van geschikte vissen voor kleine aquaria.

Garnalen en kreeftachtigen

Garnalen en kreeftachtigen verrijken een nano-aquarium niet alleen visueel, maar vervullen ook belangrijke functies in het ecosysteem. Ze grazen algen af, verorberen voederesten en houden zo het aquarium schoon. Hun drukke activiteit verlevendigt de bodem en de beplanting. Voor nano-aquaria zijn vooral dwerggarnalen geschikt, omdat ze klein blijven en de beperkte ruimte niet overbelasten. Let bij de keuze van de garnalen op de waterwaarden van uw aquarium, aangezien verschillende soorten verschillende eisen hebben. Zo geven Red Fire garnalen de voorkeur aan zacht water, terwijl Yellow Fire garnalen ook harder water kunnen verdragen. De samenstelling met vissen vereist ook zorgvuldige planning. Kleine, vredelievende vissoorten, zoals de vonk tetra, kunnen goed samenleven met dwerggarnalen, mits er voldoende schuilplaatsen zijn, zoals dichte beplanting of mosmatten. Deze bieden de garnalen bescherming en minimaliseren de stress door de vissen. Ook de voeding moet worden afgestemd op de behoeften van beide groepen. Zowel garnalen als vissen hebben een gevarieerd voederaanbod nodig om gezond te blijven. Zorg ervoor dat voederesten het water niet belasten. Garnalen profiteren van speciaal garnalenvoer dat hun kleurintensiteit en groei bevordert. De toevoeging van astaxanthine kan de kleurintensiteit, met name de rode tint, van garnalen en kreeftachtigen versterken en tegelijkertijd hun gezondheid ondersteunen door hun antioxidatieve capaciteit en het immuunsysteem te versterken. Een evenwichtige verhouding tussen vissen, garnalen en planten draagt aanzienlijk bij aan de stabiliteit van het nano-aquarium. Regelmatige waterwisselingen en het controleren van de waterparameters zijn essentieel om een gezonde en diervriendelijke omgeving voor alle bewoners te waarborgen. Ook een aangepaste bezettingsdichtheid is belangrijk om stress en ziekten te voorkomen. Een overbevolkt aquarium, zelfs in het nanobereik, kan snel leiden tot problemen met de waterkwaliteit. Houd er rekening mee

dat garnalen zich voortplanten en de populatie in het aquarium kan groeien. Dit moet worden meegenomen in de planning van de bezettingsdichtheid.

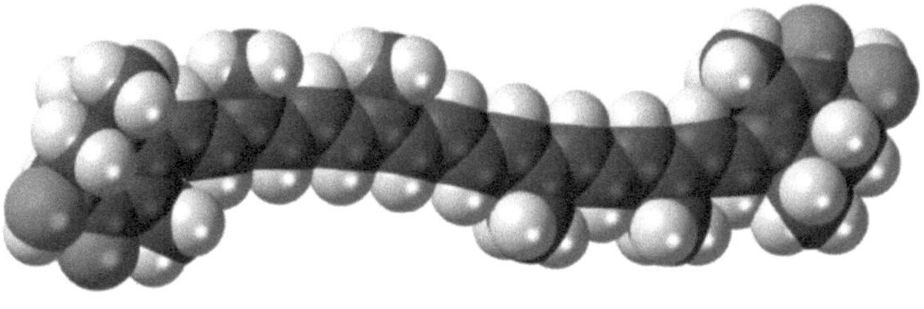

Astaxanthine [i9]

Goed om te weten

Bezettingsdichtheid

De bezettingsdichtheid verwijst naar het aantal dieren in een aquarium. Een te hoge bezettingsdichtheid kan leiden tot stress, ziekten en problemen met de waterkwaliteit.

Ecosysteem

Een ecosysteem in het nano-aquarium is een klein, afgesloten systeem dat planten, dieren en micro-organismen omvat die met elkaar en hun omgeving interageren. Een functionerend ecosysteem is belangrijk voor de gezondheid en het welzijn van de aquariumbewoners.

Red Fire garnalen

Red Fire garnalen zijn een populaire dwerggarnalen soort die opvalt door hun helderrode kleur. Ze geven de voorkeur aan zacht water en zijn relatief eenvoudig te houden.

Waterparameters

Waterparameters zoals temperatuur, pH-waarde, hardheid en nitraatgehalte zijn cruciaal voor de gezondheid van de aquariumbewoners. Regelmatige controle en aanpassing van de waterparameters zijn essentieel.

Yellow Fire garnalen

Yellow Fire garnalen zijn een andere populaire dwerggarnalen soort, gekenmerkt door hun gele kleur. In tegenstelling tot Red Fire garnalen kunnen ze ook harder water verdragen.

Verdeling van garnalen en kreeftachtigen

Typische verdeling van nano zoetwatergarnalen/kreeftachtigen.

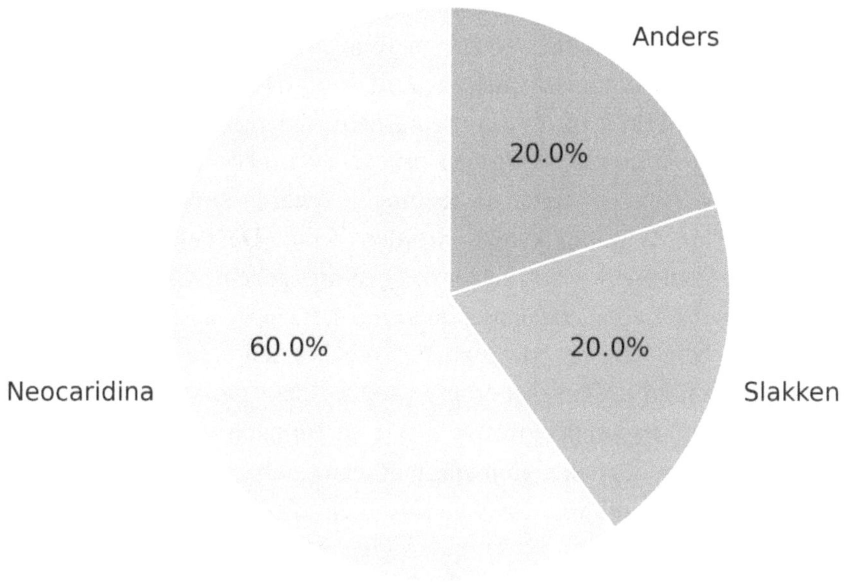

- AND: Andere garnalen (bijv. Caridina, Sulawesi)
- NEO: Neocaridina (bijv. Red Cherry Shrimp)
- SLA: Slakken (bijv. Nerite, Posthoornslak)

Neocaridina soorten, vaak Red Cherry Shrimp, vertegenwoordigen een aanzienlijk deel van de nano aquariumbewoners vanwege hun gemakkelijke verzorging en levendige kleuren. Terwijl andere garnalensoorten en slakken bijdragen aan het ecosysteem, suggereert hun kleinere vertegenwoordiging dat ze selectiever worden gekozen op basis van specifieke aquariumbehoeften of esthetische voorkeuren.

Slakken en micro-organismen

Slakken en micro-organismen vervullen in het nano-aquarium diverse taken. Naast hun visuele verrijking dragen ze bij aan de reinheid en het biologische evenwicht. Slakken, met hun meer dan 80.000 verschillende soorten, voeden zich met algen, afgestorven plantendelen en voederesten, waardoor ze de bodem en de oppervlakken in het aquarium reinigen. [s21] Zo voorkomen ze de ophoping van organisch materiaal en voorkomen ze de vorming van schadelijke stoffen. Ook micro-organismen, die meer dan 95% van de soorten op aarde uitmaken, dragen bij aan dit proces. [s21] Ze ontleden organische stoffen en zetten deze om in voedingsstoffen die door de planten in het aquarium kunnen worden benut. De keuze van slakken en micro-organismen moet echter zorgvuldig gebeuren, want niet elke soort is geschikt voor elk nano-aquarium. Let op de compatibiliteit met de andere bewoners en de specifieke behoeften van de betreffende soort. Sommige slakkensoorten, zoals de roofslakken, kunnen bijvoorbeeld andere slakken of zelfs kleine garnalen eten. [s21] Andere, zoals de posthoornslak, vermenigvuldigen zich snel en kunnen zo leiden tot overbevolking. De waterwaarden zijn ook cruciaal voor het welzijn van de slakken. Sommige soorten hebben zachter water nodig, terwijl andere ook harder water kunnen verdragen. Het observeren van het gedrag van de slakken kan inzicht geven in de waterkwaliteit en het algemene welzijn van de aquariumbewoners. Veranderingen in gedrag, zoals apathie of ongebruikelijke bewegingen, kunnen op problemen wijzen en moeten daarom serieus worden genomen. Ook het optreden van ziekten, zoals anorexie of microbiële infecties, kan de gezondheid van de slakken beïnvloeden. [s21] In dergelijke gevallen is het raadzaam om contact op te nemen met een specialist of een dierenarts om de oorzaak te achterhalen en passende maatregelen te nemen. De juiste verzorging en de keuze van de juiste soorten zijn essentieel voor een goed functionerend en gezond nano-aquarium. Naast slakken zijn er ook tal

van andere micro-organismen in zoetwaterecosystemen, waaronder ongewenste gasten zoals bloedzuigers. [s22] Deze bloedzuigende wormen kunnen vissen en andere aquariumbewoners infecteren en moeten daarom onmiddellijk worden verwijderd. Hierbij is voorzichtigheid geboden, aangezien onjuist verwijderen kan leiden tot verwondingen en infecties. [s22] Door voorzichtig de zuiger los te maken, bij voorkeur met een pincet, kan het risico worden geminimaliseerd.

Goed om te weten

Biologisch Evenwicht

De toestand in een aquarium waarin de verschillende organismen en waterparameters zich in een stabiele en gezonde verhouding bevinden.

Bloedzuigers

Parasitaire wormen die zich voeden met het bloed van vissen en andere aquariumbewoners en in het nano-aquarium absoluut vermeden moeten worden.

Microbiële Infecties

Ziekten die worden veroorzaakt door micro-organismen zoals bacteriën, virussen of schimmels en die bij vissen en ongewervelden in het aquarium kunnen optreden.

Dichtheid van veelvoorkomende zoetwaterongewervelden

Typische populatiedichtheid in een gebalanceerd nano-aquarium.

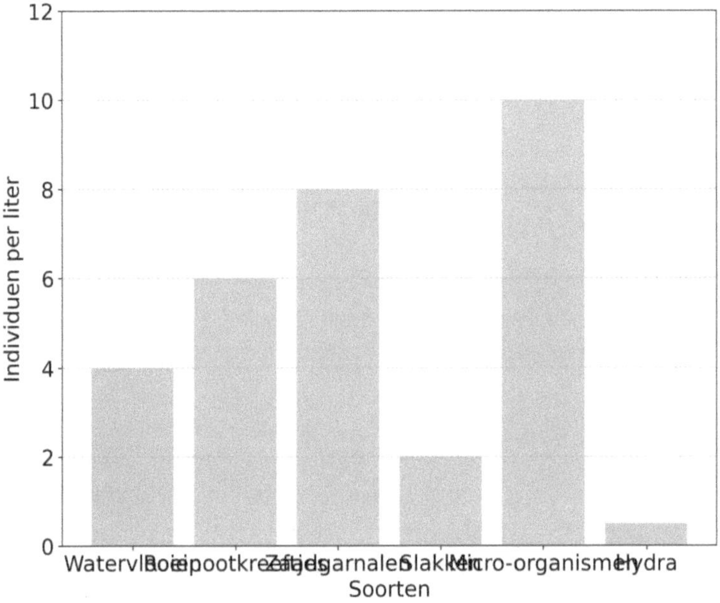

Co: Roeipootkreeftjes

Hy: Hydra

Se: Zaadgarnalen

Da: Watervlooien

Mi: Micro-organismen (bijv. Bacteriën)

Sn: Slakken (bijv. Posthoornslak)

Slakken spelen een cruciale rol in algcontrole en afvalvermindering, terwijl populaties van micro-organismen bijdragen aan een gezond ecosysteem. Een gebalanceerde populatie van beide is essentieel voor een bloeiend nano-aquarium. De relatief lagere dichtheid van hydra wijst op hun roofzuchtige aard en de noodzaak van zorgvuldige monitoring om overbevolking en mogelijke schade aan andere bewoners te voorkomen. Daphnia, als levende voedselbron, vereist zorgvuldig beheer om overbegrazing of populatiecrashes te voorkomen.

Concrete adviezen

- Vergeet bij het kiezen van soorten voor uw nano-aquarium niet aan de verticale structuur: combineer bodembewoners, zoals corydoras, met vissen uit de middelste en bovenste waterlagen.
- Zoek gericht naar klein blijvende kweekvormen van bekende soorten om de tankgrootte optimaal te benutten.
- Geef de voorkeur aan soorten met vergelijkbare waterbehoeften om de onderhoudsinspanning te minimaliseren en een stabiele omgeving te creëren.
- Stem uw nano-aquarium af op een specifiek biotoop, bijvoorbeeld een zwartwaterbiotoop, en kies de bewoners dienovereenkomstig.
- Plaats niet alle vissen tegelijk, maar laat de dieren geleidelijk wennen aan het nieuwe aquarium om het biologische evenwicht niet te overbelasten.
- Observeer het eetgedrag van uw vissen nauwkeurig en pas de hoeveelheid en soort voer individueel aan om overvoeding en waterbelasting te voorkomen.
- Varieer het voeraanbod met zelf verzameld, onbelast natuurlijk materiaal zoals bladeren of brandnetels (vooraf geblancheerd) om de natuurlijke voeding aan te vullen.
- Overweeg de kweek van uw nano-aquarium bewoners om de vraag naar wilde vangsten te verminderen en tegelijkertijd spannende inzichten te krijgen in de ontwikkeling van de dieren.
- Deel uw ervaringen met andere aquarianen over de samenlevingen van bepaalde soorten in het nano-aquarium om van hun kennis te profiteren.
- Bezoek gespecialiseerde visbeurzen of kwekers om zeldzame en bijzonder goed aangepaste nano-vissoorten te vinden.

2. 2 Zoutwaterbewoners

De keuze van de juiste zeedieren is cruciaal voor een succesvol nano-aquarium. Van de samenstelling van verschillende soorten tot het rekening houden met individuele behoeften en de aanpassing aan de beperkte ruimte – elke factor beïnvloedt het delicate evenwicht in het minibecken. Fouten bij de soortkeuze kunnen leiden tot stress, ziekten en uiteindelijk het verlies van de dieren. Ontdek in dit hoofdstuk hoe u de juiste bewoners voor uw nano-zeewateraquarium kunt selecteren en een harmonisch ecosysteem kunt creëren.

In het zee-water nano-aquarium is de zorgvuldige selectie van de bewoners op basis van hun behoeften en compatibiliteit cruciaal voor een stabiel en gezond ecosysteem.

Koraal voor miniatuurriffen

Koraal vormt de basis van elk miniatuurrif en de keuze ervan moet zorgvuldig worden afgestemd op het volume van het aquarium. Groei-snelheid en eindgrootte spelen een cruciale rol voor de langdurige stabiliteit van het systeem. Kleinblijvende soorten die langzaam groeien, zijn beter geschikt voor beginners, omdat ze minder snel de beperkte ruimte domineren en zo de nodige ruimte voor aanpassingen bieden. De gevoeligheid voor waterparameters varieert sterk tussen de koraalsoorten. Robuuste soorten die fluctuaties tolereren, zijn aan te raden voor beginners om de zorg- en controle-inspanning te minimaliseren. Ook de plaatsing van de koralen in het aquarium beïnvloedt hun groei en gezondheid. Soorten met hoge lichtbehoeften moeten in het bovenste gedeelte worden geplaatst, terwijl schaduwminnende koralen in het onderste gedeelte of onder overhangen moeten worden gepositioneerd. De waterstroom is een andere belangrijke factor. Koralen die sterke stroming verkiezen, moeten worden geplaatst in gebieden met hoge waterbeweging, terwijl andere soorten rustigere zones nodig hebben. [s23] Genetische hulpmiddelen, zoals DNA-Barcoding, kunnen nuttig zijn om de exacte soort van het koraal te bepalen, wat vooral voordelig is voor de zorg en het begrip van hun specifieke behoeften. [s23] Nanoplastiek, dat via cosmetica of andere bronnen in het aquarium kan komen, beïnvloedt de groei en voortplanting van de symbiotische algen in de koralen. [s24] Deze algen, ook wel zooxanthellen genoemd, zijn van vitaal belang voor de koralen, omdat ze hen via Fotosynthese energie leveren. Een verminderde algendichtheid leidt tot verzwakking van de koralen en verhoogt hun kwetsbaarheid voor ziekten. Om dit tegen te gaan, moet het gebruik van plastic-houdende producten in de omgeving van het aquarium worden vermeden en moet een hoogwaardige afschuimer worden gebruikt om nanopartikels uit het water te filteren.

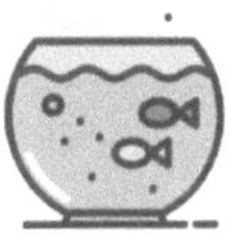

Eiwitafschuimer [i10]

Goed om te weten

Afschuimer
Een apparaat dat in het zeeaquarium door het inbrengen van luchtbellen opgeloste organische stoffen en andere verontreinigingen uit het water verwijdert, voordat ze zich afbreken en de waterkwaliteit beïnvloeden.

DNA-Barcoding
Een methode voor soortbepaling die korte, gestandaardiseerde DNA-segmenten gebruikt om organismen zoals koralen in nano-aquaria te identificeren en zo optimale zorg te waarborgen.

Fotosynthese
Het proces waarbij planten en algen, zoals de zooxanthellen in koralen, met behulp van licht, water en kooldioxide energie produceren en zuurstof vrijgeven, wat in het nano-aquarium belangrijk is voor de balans van het ecosysteem.

Koraalverdeling in Nano Rifaquaria

Typische koraalverdeling in een nano rifaquarium.

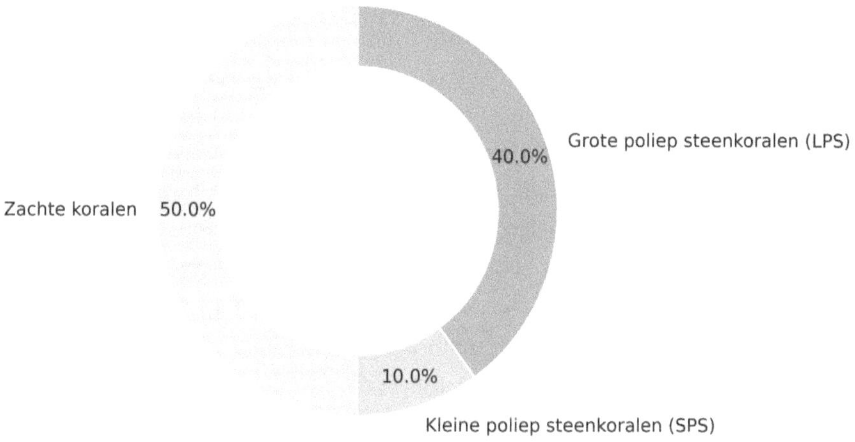

- LPS: Grote poliep steenkoralen (LPS)
- SOF: Zachte koralen
- SPS: Kleine poliep steenkoralen (SPS)

Deze verdeling suggereert een evenwichtige benadering van koraalselectie in nano rifaquaria, met een lichte voorkeur voor zachte koralen vanwege hun aanpassingsvermogen en over het algemeen snellere groei in kleinere omgevingen. LPS-koralen zijn wel aanwezig, maar nemen een kleiner percentage in beslag vanwege hun grotere omvang en specifieke verzorgingseisen. De minimale aanwezigheid van SPS weerspiegelt de uitdagingen om aan hun veeleisende behoeften te voldoen in een nano-omgeving.

Kleine vissen in zout water

Kleine vissen in het zee-water nano-aquarium stellen bijzondere eisen aan de verzorging. Naast de selectie van geschikte soorten die passen bij de beperkte ruimte, is de waterkwaliteit cruciaal voor hun welzijn. Vooral kleine vissen reageren gevoelig op verontreinigingen. Sigarettenresten, zelfs als ze niet zijn gerookt, geven giftige stoffen af in het water die voor zoutwatervissen al in lage concentraties dodelijk kunnen zijn [s25]. Daarom is het raadzaam om elk contact van sigarettenresten met het aquariumwater te vermijden. Ook microplastics vormen een ernstige bedreiging [s26] [s27]. Studies tonen aan dat microplastics niet alleen in het spijsverteringskanaal, maar ook in de kieuwen en spieren van kleine vissen kunnen worden aangetroffen [s27]. De gevolgen variëren van oxidatieve stress tot verstoringen van de voortplanting. Vooral kleine deeltjes (≤5 μm) hebben een negatieve invloed op de gezondheid van de vissen [s27]. Een efficiënte eiwitafschuimer kan helpen om de microplasticbelasting in het aquarium te verminderen. Daarnaast moeten cosmetica en andere potentiële microplasticbronnen uit de buurt van het aquarium worden gehouden. De osmoregulatie, oftewel de regulatie van de waterhuishouding in het lichaam, is bijzonder belangrijk voor vissen in zout water. Verschillende soorten hebben verschillende mechanismen ontwikkeld om met de zoutconcentratie van het water om te gaan. De driepunts stekelbaars, die zowel in zout- als in zoetwater voorkomt, reguleert de expressie van bepaalde genen om zich aan te passen aan veranderende zoutgehaltes. De activiteit van het Na+/K+-ATPase-gen bijvoorbeeld is verhoogd in zoutwatervissen om het zouttransport te waarborgen [s28]. Dit voorbeeld illustreert de complexe aanpassingsmechanismen van vissen aan hun omgeving en benadrukt het belang van stabiele waterparameters in het nano-aquarium.

kieuwen [i11]

Goed om te weten

Na+/K+-ATPase

Na+/K+-ATPase is een enzym dat een belangrijke rol speelt bij de osmoregulatie van zeeleven. Het transporteert natrium- en kaliumionen door het celmembraan en helpt zo de zoutbalans in het lichaam te reguleren. De activiteit van dit enzym wordt beïnvloed door de zoutconcentratie van het omringende water.

Osmoregulatie

Osmoregulatie is het proces waarmee zeeleven de zout- en waterhuishouding in hun lichaam reguleren. In een nano-aquarium is het belangrijk om stabiele waterparameters te handhaven om de osmoregulatie van de dieren niet te verstoren. Schommelingen in de zoutconcentratie kunnen leiden tot stress en gezondheidsproblemen.

Sigarettenresten

Sigarettenresten bevatten een verscheidenheid aan giftige stoffen die zelfs in kleine hoeveelheden dodelijk kunnen zijn voor zeeleven. Nicotine en andere chemicaliën lossen op in het water en kunnen de kieuwen en het zenuwstelsel van de dieren beschadigen. Daarom is het belangrijk om sigarettenresten en andere tabaksproducten uit aquaria te houden.

Groottevergelijking Nano-vissen

Maximale grootte van geselecteerde nanivissen

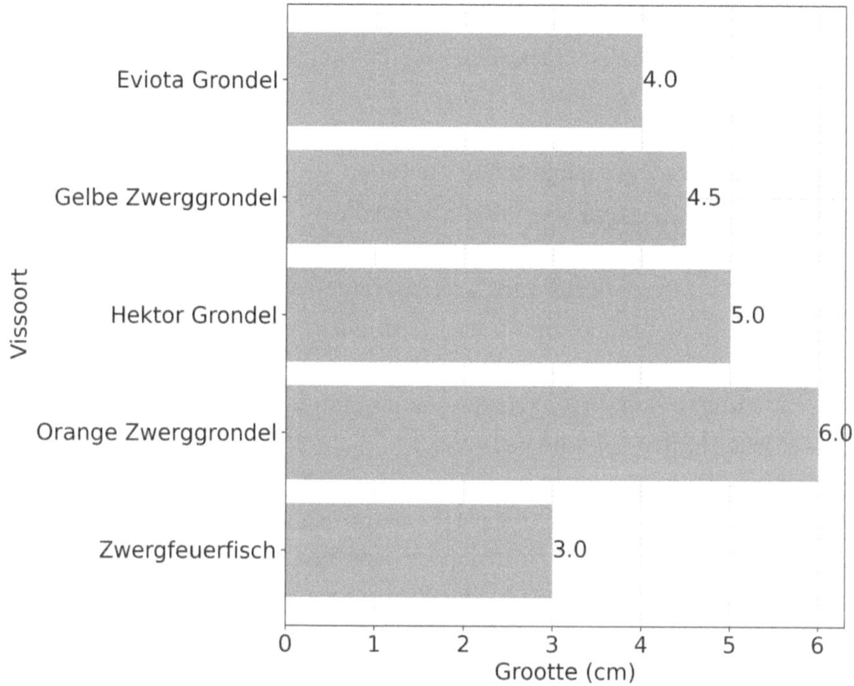

EVG: Eviota Grondel

HKG: Hektor Grondel

ORG: Orange Zwerggrondel

ZFG: Zwergfeuerfisch

ZGG: Gelbe Zwerggrondel

Het horizontale staafdiagram illustreert de maximale grootte van verschillende populaire nanivissen. Het is duidelijk dat sommige soorten, zoals de dwergvuurvis, aanzienlijk kleiner blijven dan andere, zoals de gele dwerggrondel. Hiermee moet rekening worden gehouden bij het selecteren van de bezetting voor een nano-aquarium.

Ongewervelde zeedieren

Ongewervelde dieren vormen een fascinerende en diverse groep in het zeeaquarium en dragen aanzienlijk bij aan de stabiliteit en esthetiek van het ecosysteem. Hun selectie moet echter goed doordacht zijn, aangezien de behoeften van de verschillende soorten sterk variëren. Krabben, slakken, zeesterren en garnalen vervullen verschillende functies in het nano-aquarium. Sommige soorten dragen bij aan de algengroei controle, terwijl andere zich bezighouden met detritus en zo de waterkwaliteit verbeteren. Schoonmaakgarnalen ontdoen op hun beurt vissen en koralen van parasieten en dode huiddeeltjes. Het samenbrengen van verschillende soorten vereist zorgvuldige planning. Sommige zeesterren voeden zich bijvoorbeeld met andere ongewervelden en zijn daarom niet geschikt voor elk aquarium. Een ander belangrijk aspect is de gevoeligheid van ongewervelden voor wasserparametern. Schommelingen in zoutgehalte, temperatuur of voedingswaarden kunnen snel leiden tot stress en ziekten. Daarom is regelmatige controle en aanpassing van de waterwaarden essentieel om het welzijn van de dieren te waarborgen. Net als bij vissen kan ook bij ongewervelde zeedieren de toenemende leeftijd gepaard gaan met veranderingen op cellulair en moleculair niveau, die hun levensverwachting beïnvloeden. [s29] Hoewel deze processen bij veel soorten nog weinig zijn onderzocht, benadrukt dit de complexiteit van de levensprocessen en de noodzaak van een soortspecifieke verzorging. Een stabiel aquarium met optimale omstandigheden helpt de gezondheid en levensduur van de ongewervelden te bevorderen.

Detritus [i12]

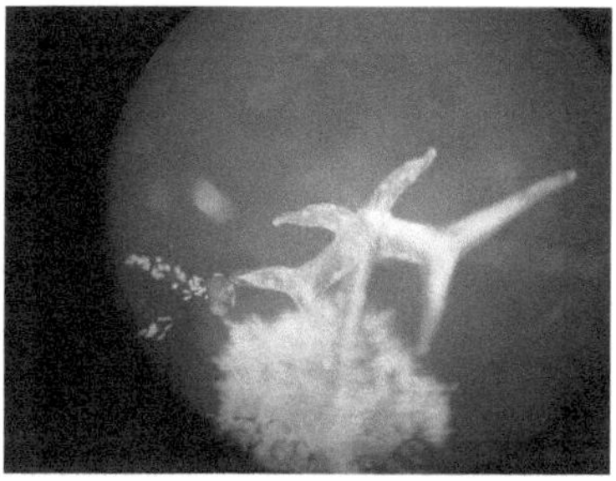

Visparasiet [i13]

Poetsgarnaal [i14]

Goed om te weten

Detritus

Organisch afval dat zich in het aquarium ophoopt, zoals voedselresten, dode planten en uitscheidingen van de dieren. In het nano-zeeaquarium is het verwijderen van detritus bijzonder belangrijk om de waterkwaliteit hoog te houden.

Parasieten

Organismen die op of in een ander levend wezen (gastheer) leven en zich daarvan voeden. In het zeeaquarium kunnen parasieten vissen en ongewervelden infecteren en ziekten veroorzaken. Schoonmaakgarnalen en sommige vissoorten helpen parasieten te beheersen.

Voedingswaarden

Concentraties van stoffen zoals nitraat en fosfaat in het water, die belangrijk zijn voor de groei van algen en koralen. In het nano-zeeaquarium moeten de voedingswaarden zorgvuldig worden gecontroleerd om overmatige algengroei te voorkomen en de gezondheid van de koralen te waarborgen.

Verdeling van ongewervelden in een nano-aquarium

Typische ongewervelde verspreiding in nano-zoutwateraquaria.

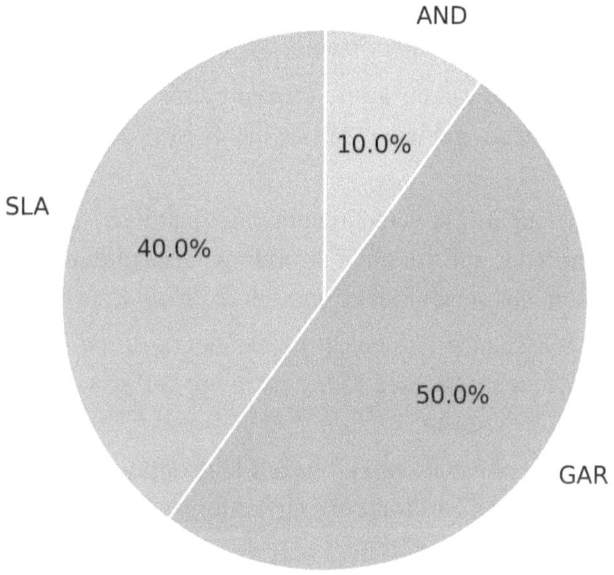

- AND: Andere ongewervelden
- GAR: Garnalen (bijv. poetsgarnaal, dwerggarnalen)
- SLA: Slakken (bijv. Nassarius, Cerith)

Slakken en garnalen spelen een cruciale rol in het ecosysteem van een nano-aquarium. Slakken richten zich voornamelijk op algenbestrijding en garnalen dragen bij aan het verwijderen van afval. Het kleinere percentage 'Overige' kan minder voorkomende ongewervelden omvatten, zoals kleine zeesterren of anemonen, die de biodiversiteit vergroten, maar zorgvuldige afweging vereisen vanwege de beperkte ruimte en middelen in een nano-omgeving.

Concrete adviezen

- Informatiseer uzelf over de natuurlijke voedselsources van de gewenste zeewaterbewoners en probeer deze in het aquarium na te bootsen.
- Overweeg het houden van gespecialiseerde voerdieren, zoals copepoden of fytoplankton, om de voedingsvoorziening van uw zeewaterbewoners te optimaliseren.
- Houd bij de keuze van de soorten rekening met de verschillende activiteitstijden en -gebieden van de dieren om concurrentie en stress te minimaliseren.
- Creëer in het aquarium verschillende microhabitats, bijvoorbeeld met verschillende substraten of stromingsomstandigheden, om aan de behoeften van verschillende soorten te voldoen.
- Kies voor een geleidelijke bezetting van het aquarium, te beginnen met robuuste en aanpasbare soorten, om het biologische evenwicht langzaam op te bouwen.
- Geef de voorkeur aan dieren uit dezelfde geografische regio bij de soortkeuze, om een harmonieuze en natuurgetrouwe miniatuurkoraalrif te creëren.
- Onderzoek de sociale structuur van de gewenste soorten en houd hier rekening mee bij de bezettingsdichtheid en de geslachtsverhouding.
- Observeer het gedrag van uw zeewaterbewoners nauwlettend en pas de bezetting indien nodig aan om conflicten en stress te vermijden.
- Maak gebruik van de mogelijkheid van quarantaine voor nieuw verworven dieren om de introductie van ziekten en parasieten te voorkomen.
- Zorg voor een evenwichtige mix van plantaardig en dierlijk voer om aan de verschillende voedingsbehoeften te voldoen.
- Stimuleer het natuurlijke gedrag van uw zeewaterbewoners door het bieden van soortspecifieke schuilplaatsen en bezigheidsmogelijkheden.

2. 3 Plantenkeuze

De plantkeuze in het nano-aquarium beïnvloedt in belangrijke mate de esthetiek en het welzijn van de bewoners. De grootte van het aquarium, de lichtomstandigheden en de waterparameters bepalen welke soorten in de voorgrond, midden en achtergrond gedijen. Foute keuzes leiden tot problemen zoals algengroei, verwelkte planten of gestreste dieren. Succesvolle aquariums landschappen vereisen een zorgvuldige planning van de beplanting. Verschillende behoeften van de plantensoorten moeten in overweging worden genomen en afgestemd op de andere aquariumbewoners. Dit betreft zowel de groeivorm en -snelheid als de voedingsbehoefte en de compatibiliteit met de bezetting. Ontdek nu hoe u met de juiste plantkeuze uw nano-aquarium kunt transformeren in een harmonieuze en bloeiende biotoop.

> *De plantenkeuze in het nano-aquarium moet rekening houden met de behoeften van alle bewoners van het aquarium, zowel die van de planten met betrekking tot licht, voedingsstoffen en waterparameters, als die van de vissen en andere dieren met betrekking tot hun gewoonten en welzijn.*

Voorgrondplanten

Voorgrondplanten bepalen in hoge mate de visuele indruk van een nano-aquarium en creëren ruimtelijke diepte. De keuze van de juiste soorten hangt af van verschillende factoren, waaronder de tankgrootte, de lichtomstandigheden en de aanwezige voedingsstoffen. Vooral in kleinere aquaria is zorgvuldige planning van de beplanting belangrijk om een harmonisch geheel te bereiken. Bodembedekkers vormen dichte, tapijtachtige gazons en verbergen zo de vaak onaantrekkelijke bodem. Hun lage groei zorgt ervoor dat ze het zicht op de midden- en achtergrondplanten niet belemmeren. Sommige soorten verspreiden zich snel door middel van uitlopers en hebben daarom regelmatig snoeien nodig. Andere groeien langzamer en zijn geschikt voor aquarianen die minder tijd aan onderhoud willen besteden. De lichtbehoeften van de voorgrondplanten variëren sterk. Terwijl sommige soorten ook met weinig licht kunnen overleven, hebben andere een intensieve verlichting nodig om optimaal te gedijen. De lichtsterkte moet worden aangepast aan de behoeften van de planten om algengroei te voorkomen en een gezonde plantengroei te bevorderen. Voedingsstoffen spelen ook een belangrijke rol voor de groei en gezondheid van de voorgrondplanten. Een voedingsrijke bodem en regelmatige bemesting met vloeibare meststoffen voorzien de planten van de noodzakelijke voedingsstoffen. De dosering van de meststof moet worden aangepast aan de tankgrootte en de bezetting om overbemesting en daarmee gepaard gaande algengroei te voorkomen. De waterparameters, zoals temperatuur en phwert, beïnvloeden ook de groei van de voorgrondplanten. De meeste soorten geven de voorkeur aan zacht tot gemiddeld hard water met een neutrale tot lichtzure pH-waarde. De watertemperatuur moet worden aangepast aan de behoeften van de betreffende soort. Een regelmatige gedeeltelijke waterverversing helpt om de waterkwaliteit in het aquarium te behouden en de planten optimale groeiomstandigheden te bieden. De keuze van de juiste voorgrondplanten draagt niet alleen bij aan de esthetiek van het aquarium, maar verbetert ook de waterkwaliteit. De planten consumeren voedingsstoffen en produceren zuurstof, wat de groei van algen remt en een gezond milieu voor vissen en andere aquariumbewoners creëert. Bij de keuze van de voorgrondplanten moet ook rekening worden gehouden met de behoeften van de andere aquariumbewoners. Sommige vissoorten knabbelen graag aan planten of woelen in de bodem, wat problematisch kan zijn voor gevoelige voorgrondplanten. In dergelijke gevallen moet men robuuste soorten kiezen die bestand zijn tegen de activiteiten van de vissen. De beplanting van de voorgrond kan op verschillende manieren plaatsvinden. Kleinere planten kunnen afzonderlijk met een pincet in de bodem worden geplaatst. Bij bodembedekkende soorten die zich via uitlopers vermeerderen, is het aan te raden om kleine bosjes te planten die zich in de loop van de tijd tot een dicht tapijt verspreiden. Om een gelijkmatige groei te bevorderen, moeten de planten op regelmatige basis worden onderhouden. Langere scheuten kunnen met een schaar worden ingekort om de planten in vorm te houden en overmatige groei te voorkomen. Dode bladeren moeten worden verwijderd om de waterkwaliteit te behouden en rottingsprocessen te voorkomen. De combinatie van verschillende voorgrondplanten kan interessante visuele effecten opleveren. Door het gebruik van planten met verschillende bladvormen, -kleuren en -groottes kan een gevarieerde en natuurlijke uitstraling worden gecreëerd. Zo kunnen bijvoorbeeld fijnbladige soorten zoals Eleocharis acicularis worden gecombineerd met breedbladige soorten zoals Glossostigma elatinoides om een contrast in textuur te creëren. De keuze van de voorgrondplanten beïnvloedt niet alleen het uiterlijk van het aquarium, maar ook de leefomstandigheden van de aquariumbewoners. Een dicht beplante voorgrond biedt schuilplaatsen voor schuwe vissen en jonge dieren en draagt zo bij aan hun welzijn. Tegelijkertijd verbetert de beplanting de waterkwaliteit en creëert het een natuurlijk en harmonieus aquariumbiotoop. Een voorbeeld van een robuuste en onderhoudsvriendelijke voorgrondplant is de dwergspeerblad (Anubias

barteri nana). Deze plant heeft weinig licht nodig en komt ook met geringe hoeveelheden voedingsstoffen toe. Ze hecht zich aan stenen en wortels en hoeft niet in de bodem te worden geplant. Hierdoor is ze bijzonder geschikt voor aquaria met gravende vissoorten. Door de slimme combinatie van voorgrondplanten kan een nano-aquarium worden omgevormd tot een klein, levendig kunstwerk. Met de juiste keuze en verzorging van de planten ontstaat een aantrekkelijk en gezond onderwaterparadijs voor vissen en planten.

Goed om te weten

Bodembedekkers

Laag groeiende planten die dichte tapijten vormen en de bodem in het nano-aquarium bedekken. Ze zijn ideaal voor de voorgrond.

Gedeeltelijke waterverversing

Regelmatig vervangen van een deel van het aquariumwater door vers water om verontreinigingen te verwijderen en de waterkwaliteit in het nano-aquarium te behouden.

Pincet

Gereedschap voor het planten van kleine en gevoelige waterplanten in het nano-aquarium, om de wortels niet te beschadigen.

Uitlopers

Horizontale scheuten die van de moederplant afkomen en nieuwe plantjes vormen, waardoor bodembedekkers in het nano-aquarium zich snel kunnen verspreiden.

Vloeibare meststoffen

Meststof in vloeibare vorm die aan het water wordt toegevoegd om waterplanten van belangrijke voedingsstoffen te voorzien, die in het nano-aquarium vaak beperkt zijn.

Groeihoogtes van voorgrondplanten

Typische hoogtes in nano aquaria

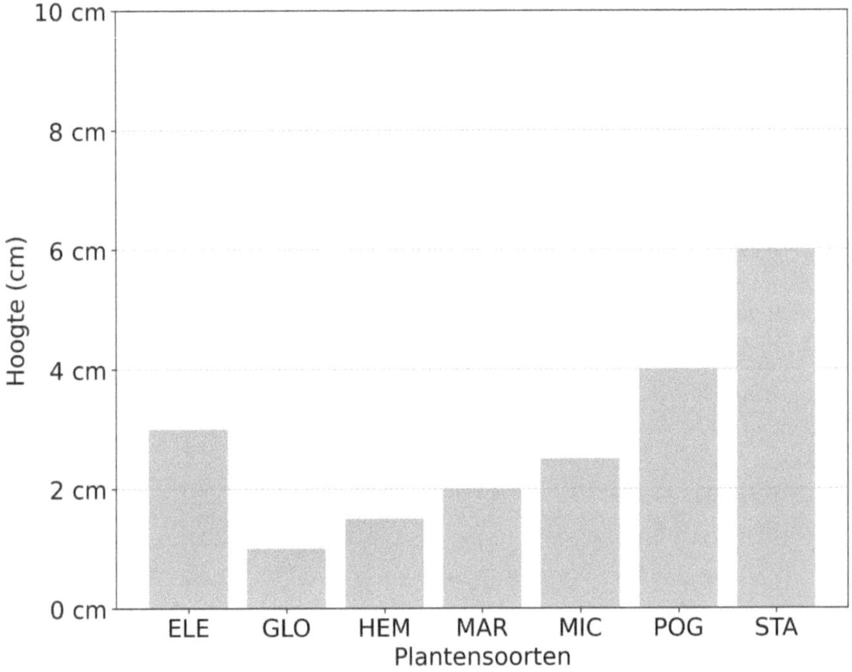

ELE: Eleocharis parvula

GLO: Glossostigma elatinoides

HEM: Hemianthus callitrichoides 'Cuba'

MAR: Marsilea hirsuta

MIC: Micranthemum 'Monte Carlo'

POG: Pogostemon helferi

STA: Staurogyne repens

Deze grafiek laat de diverse reeks hoogtes zien die kunnen worden bereikt met populaire voorgrondplanten. Van de laaggroeiende Glossostigma elatinoides tot de hogere Staurogyne repens, aquascapers hebben opties om gevarieerde en dynamische voorgrondindelingen te maken. De planten met een gemiddelde hoogte bieden een balans tussen tapijtvorming en visuele interesse, waardoor een volledig vlak uiterlijk wordt voorkomen.

Middenzone planten

Middenzone planten vormen in het aquarium de overgang tussen de lage voorgrondplanten en de hoog groeiende achtergrondplanten. Ze geven het aquarium structuur en diepte en bieden tegelijkertijd schuilplaatsen voor de bewoners van het aquarium. De keuze van geschikte soorten hangt af van de grootte van het aquarium, de lichtomstandigheden en de waterparameters. In kleinere aquaria zijn eerder kleinblijvende soorten geschikt, terwijl in grotere aquaria ook grotere, bossig groeiende planten kunnen worden gebruikt. De lichtbehoeften variëren ook sterk: sommige soorten gedijen bij gedempt licht, terwijl andere intensievere verlichting nodig hebben. Een aquariaan moet daarom de lichtsterkte aanpassen aan de behoeften van de planten. Zo voorkomt hij overmatige algengroei en bevordert hij tegelijkertijd een gezonde plantengroei. Voedingsstoffen zijn essentieel voor de groei. Een voedingsrijke bodem, zoals speciaal aquariensubstraat, kan hier voordelig zijn. Daarnaast voorziet een regelmatige bemesting met vloeibare meststoffen de planten van de noodzakelijke voedingsstoffen. De dosering van de meststof moet worden aangepast aan de grootte van het aquarium en de bezetting, om overbemesting en daarmee gepaard gaande algengroei te voorkomen. Ook de waterwaarden spelen een belangrijke rol. De meeste middenzone planten geven de voorkeur aan zacht tot gemiddeld hard water met een neutrale tot lichtzure pH-waarde. Regelmatige deeltjestoevoegingen dragen bij aan de stabiliteit van de waterkwaliteit en bieden de planten optimale groeiomstandigheden. Middenzone planten vervullen verschillende functies in het aquarium. Ze structureren de ruimte, bieden vissen onderdak en dragen bij aan de verbetering van de waterkwaliteit door voedingsstoffen op te nemen en zuurstof te produceren. Bij de selectie houdt men rekening met de behoeften van de andere bewoners van het aquarium. Sommige vissoorten knabbelen aan planten, daarom moet men in dergelijke gevallen robuuste soorten kiezen. Ook de groeivorm van de planten is relevant. Oprecht groeiende soorten zoals sommige stängelpflanzen creëren een ander optisch effect dan bossig groeiende planten zoals diverse Echinodorus-soorten. Voor de inrichting van de middenzone zijn verschillende planttechnieken geschikt. Stängelpflanzen kunnen in groepen worden geplant om een dichte begroeiing te bereiken. Rhizompflanzen, die horizontaal groeiende stengels vormen, worden met enige afstand van elkaar geplaatst, zodat ze zich kunnen verspreiden. Regelmatig snoeien behoudt de gewenste vorm en bevordert een bossige groei. Dode bladeren worden verwijderd om de waterkwaliteit te behouden. De combinatie van verschillende middenzone planten met verschillende bladvormen, -kleuren en -groottes creëert een gevarieerd en natuurlijk uiterlijk. Zo kan door de combinatie van roodbladige planten, zoals Alternanthera reineckii 'rosaefolia', met groenbladige soorten, zoals Hygrophila corymbosa 'siamensis', een interessant kleurcontrast worden gecreëerd. Ook verschillende bladstructuren dragen bij aan de optische diversiteit. Fijnbladige planten lijken fragiel, terwijl breedbladige soorten een robuuste indruk geven. Wanneer verschillende groeivormen worden gecombineerd, ontstaat er een dynamisch en levendig aquariumbeeld. Zo vullen oprecht groeiende stängelpflanzen zich goed aan met rozetvormige groeiende soorten of soorten die horizontale uitlopers vormen. Door de slimme combinatie van verschillende soorten kan de middenzone individueel worden ingericht en aangepast aan de behoeften van de bewoners van het aquarium. Een dicht beplante middenzone biedt niet alleen schuilplaatsen, maar draagt ook bij aan het welzijn van de dieren. De planten creëren een natuurlijk habitat en bevorderen een evenwichtig aquariumbiotoop. Zo kan een aquarium met een gevarieerd ingerichte middenzone een fascinerende onderwater tuin worden. De juiste keuze en verzorging van de planten zijn daarbij cruciaal voor een gezond en aantrekkelijk aquarium.

Goed om te weten

Deeltjestoevoegingen

Regelmatig vervangen van een deel van het aquariumwater door vers water. Helpt de waterkwaliteit te behouden, schadelijke stoffen te verminderen en de planten optimale groeiomstandigheden te bieden.

Aquariensubstraat

Speciaal bodem voor aquaria, dat voedingsstoffen voor waterplanten bevat en tegelijkertijd als filtermedium dient. Verschillende korrelgroottes en samenstellingen zijn beschikbaar voor verschillende plantensoorten en aquarientypen.

Rhizompflanzen

Planten met horizontaal groeiende stengels (rhizomen), waaruit nieuwe scheuten en wortels ontstaan. Spreiden zich horizontaal in het aquarium uit en vormen dichte bestend.

Rozenplanten

Planten waarvan de bladeren cirkelvormig uit een centrale basis groeien en zo een rozet vormen. Deze vorm maakt een optimale lichtopname mogelijk, vooral dicht bij de bodem.

Stängelpflanzen

Groeien meestal verticaal en vormen langs de stam bladeren en zijtakken. Geschikt voor de inrichting van de achtergrond en middenzone in het aquarium.

Middenzone Plantenselectie

Groeisnelheid vs. lichtbehoefte voor nano aquariumplanten.

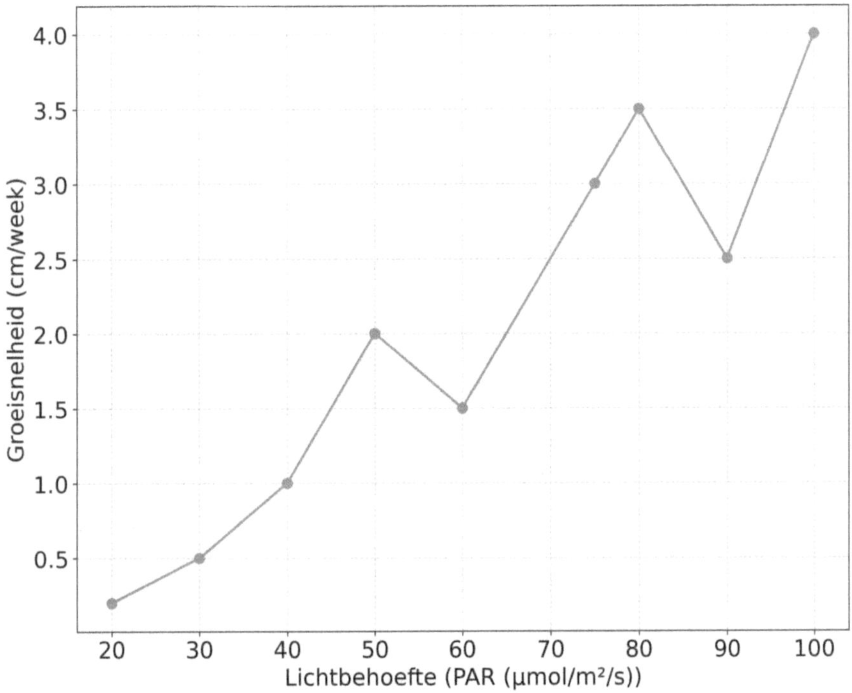

Deze grafiek toont de afweging tussen groeisnelheid en lichtbehoefte. Snelgroeiende planten hebben over het algemeen meer licht nodig, terwijl langzamer groeiende planten lagere lichtcondities kunnen verdragen. Dit maakt selectie mogelijk op basis van aquariumverlichting en gewenste onderhoudsfrequentie.

Achtergrondplanten

Achtergrondplanten vormen de visuele afsluiting van een aquarium en dragen aanzienlijk bij aan de ruimtelijke diepte. Ze verbergen de achterwand en de techniek in het aquarium, waardoor een natuurlijkere ambiance ontstaat. De keuze van de juiste soorten hangt af van de grootte van het aquarium, de lichtomstandigheden en de waterparameters. In hoge aquaria zijn hooggroeiende staengelpflanzen geschikt, die tot aan het wateroppervlak reiken en daar dichte bestanden vormen. In kleinere aquaria zijn lager blijvende soorten, zoals enkele Bucephalandra-soorten, die op stenen of wortels groeien, een goede keuze. De lichtbehoeften variëren per soort. Sommige achtergrondplanten tolereren schaduwrijke gebieden, terwijl andere veel licht nodig hebben om hun volle kleurenpracht te tonen. Een aangepaste verlichting is belangrijk om zowel aan de behoeften van de planten als aan de voorkoming van algengroei te voldoen. Voedingsstoffen zijn essentieel voor een gezonde plantengroei. Een voedingsrijke bodem en regelmatige bemesting met fluessigduenger voorzien de planten van de noodzakelijke elementen. De dosering van de meststof moet worden aangepast aan de grootte van het aquarium en de bezetting, om overbemesting en daarmee gepaard gaande algengroei te voorkomen. De waterparameters, zoals temperatuur en pH-waarde, beïnvloeden ook de groei van de achtergrondplanten. De meeste soorten geven de voorkeur aan zacht tot gemiddeld hard water met een neutrale tot lichtzure pH-waarde. Regelmatige teilwasserwechsel helpen om de waterkwaliteit in het aquarium te behouden en de planten optimale groeiomstandigheden te bieden.

Naast hun esthetische functie vervullen achtergrondplanten ook belangrijke taken in het aquarium. Ze bieden schuilplaatsen voor schuwe vissen en jonge dieren en dragen bij aan de verbetering van de waterkwaliteit door voedingsstoffen te verbruiken en zuurstof te produceren. Bij de keuze van de achtergrondplanten moet ook rekening worden gehouden met de behoeften van de andere bewoners van het aquarium. Sommige vissoorten knabbelen graag aan planten. In dergelijke gevallen moet men robuuste soorten kiezen die bestand zijn tegen de activiteiten van de vissen. De aanplant van de achtergrondplanten gebeurt meestal in groepen. Stängelpflanzen kunnen direct in de bodem worden geplaatst, terwijl opstapplanten, zoals enkele Microsorum-soorten, op stenen of wortels worden bevestigd. Een regelmatige snoei houdt de gewenste vorm in stand en bevordert een bossige groei. Dode bladeren moeten worden verwijderd om de waterkwaliteit te behouden en rottingsprocessen te voorkomen. De combinatie van verschillende achtergrondplanten met verschillende bladvormen, -kleuren en -groottes creëert een gevarieerd en natuurlijk uiterlijk. Door de combinatie van roodbladige planten met groenbladige soorten kan een interessant kleurcontrast worden gecreëerd. Ook verschillende bladstructuren dragen bij aan de visuele diversiteit. Fijnbladige planten lijken fragiel, terwijl breedbladige soorten een robuuste indruk geven. De keuze van de achtergrondkleur kan, zoals bij het houden van bepaalde kikker soorten, invloed hebben op het gedrag en het stressniveau van de dieren. Groene en grijze achtergronden lijken hier stressverlagend te werken [s30]. Dit principe kan worden toegepast op de aquariuminrichting door de kleuren van de

Microsorum [i15]

achtergrondplanten af te stemmen op de behoeften van de bewoners van het aquarium. Rustige, donkere tinten kunnen bijvoorbeeld bij schuwe vissoorten leiden tot een verhoogd welzijn. Door de slimme combinatie van achtergrondplanten kan het aquarium individueel worden ingericht en aangepast aan de behoeften van de bewoners. Een dicht beplante achtergrond biedt niet alleen schuilplaatsen, maar draagt ook bij aan het welzijn van de dieren. De planten creëren een natuurlijk habitat en bevorderen een evenwichtig aquariumbiotoop. Een dichte beplanting met Vallisneria gigantea op de achtergrond van een groter aquarium kan vissen terugtrekmogelijkheden bieden en tegelijkertijd door de zuurstofproductie het watermilieu verbeteren. Met de juiste keuze en verzorging van de planten ontstaat een aantrekkelijk en gezond onderwaterparadijs voor vissen en planten.

Reuzenvallisneria [i16]

Ruimtebehoefte achtergrondplanten

Ruimtebehoefte van verschillende nano-aquarium achtergrondplanten.

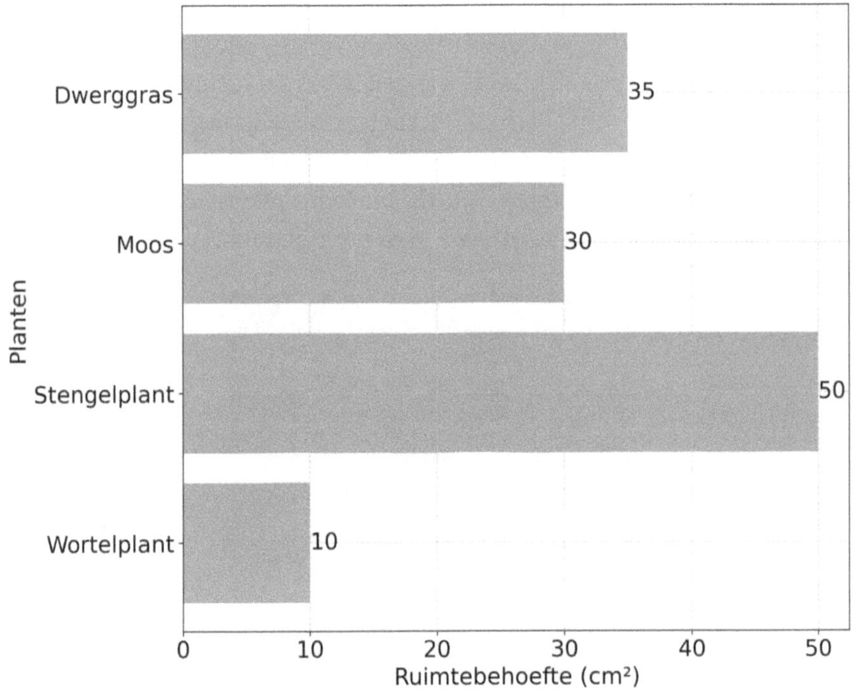

DGR: Dwerggras

MOS: Moos

SPL: Stengelplant

WPL: Wortelplant

Het staafdiagram visualiseert de ruimtebehoefte van verschillende achtergrondplanten. Dwerggras heeft verreweg de minste ruimte nodig en is daarom bijzonder geschikt voor kleine aquaria. Stengelplant en Wortelplant hebben aanzienlijk meer ruimte nodig en zijn geschikt voor grotere nano-aquaria. Moos heeft de meeste ruimte nodig en moet alleen in grotere aquaria worden gebruikt.

Concrete adviezen

- Beschouw de plantkeuze op de voorgrond als het ontwerpen van een tuin: combineer verschillende hoogtes en texturen voor een afwisselend uiterlijk.
- Werk met de natuurlijke groeiwijze van de planten: laat snelgroeiende bodembedekkers gericht gebieden veroveren en snoei ze op andere plaatsen terug.
- Plaats accenten met solitairplanten op de voorgrond: een enkele, markante plant kan de blikvanger zijn en de algehele uitstraling verbeteren.
- Gebruik verschillende gekleurde substraten om de kleuren van de voorgrondplanten te benadrukken en interessante contrasten te creëren.
- Kies voorgrondplanten ook op basis van hun functie: zuurstofproducenten verbeteren het watermilieu, terwijl wortelsterke soorten de bodem stabiliseren.
- Denk aan de behoeften van uw vissen: planten met dikke bladeren zijn robuuster tegen knabbelende soorten.
- Creëer kleine lichtplekken en schaduwzones op de voorgrond om verschillende plantensoorten naast elkaar te kunnen cultiveren.
- Probeer ongebruikelijke plaatsingen: bevestig klein blijvende voorgrondplanten op kleine stenen of wortels om de aandacht te trekken.
- Gebruik dunne, transparante draad om drijvende voorgrondplanten gericht te positioneren en te voorkomen dat ze naar de oppervlakte drijven.
- Integreer kleine, natuurlijk gevormde takken op de voorgrond om de planten steun te geven en de structuur van de bodem losser te maken.
- Maak gebruik van de seizoensgebonden veranderingen van de planten: gebruik seizoensgebonden variërende soorten om variatie in het aquarium te brengen.

Terugblik - 2. Bezetting en Soortenkeuze

De bezetting van uw nano-aquarium vereist zorgvuldige planning en grondig onderzoek. Begin met de keuze tussen een zoet- of zoutwateraquarium, aangezien dit de selectie van dieren en planten aanzienlijk beïnvloedt. Houd bij de keuze van soorten altijd rekening met de uiteindelijke grootte van de dieren en hun sociaal gedrag. Een overbevolkt aquarium, zelfs in klein formaat, leidt snel tot problemen met de waterkwaliteit en bedreigt het welzijn van uw aquariumbewoners. Volg de vuistregel 'minder is meer' en concentreer u liever op enkele goed gekozen soorten die in uw mini-biotop een lang, gezond leven kunnen leiden.

Denk bij het plannen van de bezetting aan de verschillende niveaus van uw aquarium. Voorin zijn bodembedekkers geschikt, die een dichte, groene tapijt vormen en de aandacht op de overige planten vestigen. Let hier op de groeisnelheid en de lichtbehoefte van de gekozen soorten. In het midden kunt u hogere planten plaatsen die structuur en schuilplaatsen bieden. Kies hier soorten met verschillende bladvormen en -kleuren om een afwisselend uiterlijk te creëren. Achterin zijn hooggroeiende planten aan te raden, die de visuele afsluiting vormen en de achterwand verbergen. Ook hier moet u rekening houden met de lichtbehoeften en de groeisnelheid.

De samenstelling van vissen, garnalen en slakken vereist bijzondere aandacht. Informeer naar de compatibiliteit van de soorten en zorg ervoor dat aan de behoeften van alle bewoners wordt voldaan. Houd er rekening mee dat sommige vissoorten garnalen of slakken kunnen opeten. Zorg voor voldoende schuilplaatsen, zoals dichte beplanting of mosmatten, om de stress voor de dieren te minimaliseren. Ook de voeding moet worden afgestemd op de behoeften van alle bewoners. Overvoeding leidt tot een verhoogde waterbelasting en kan algengroei bevorderen. Voer liever meerdere keren per dag kleine porties die binnen enkele minuten worden gegeten.

In een zeeaquarium gelden vergelijkbare principes. Kies koralen die langzaam groeien en de beperkte ruimte niet te snel domineren. Let op de plaatsing van de koralen in het aquarium en houd rekening met hun licht- en stromingsbehoeften. Ook bij de keuze van vissen moet u letten op de uiteindelijke grootte en het sociaal gedrag. De waterkwaliteit is in een zeeaquarium bijzonder belangrijk. Regelmatige waterwisselingen en het gebruik van een efficiënte eiwitafschuimer zijn essentieel om verontreinigingen te verwijderen en optimale omstandigheden voor de dieren te creëren. Vermijd contact van sigarettenresten en microplastics met het aquariumwater, aangezien deze de gezondheid van de dieren in gevaar kunnen brengen.

Een goed gepland en onderhouden nano-aquarium kan een fascinerend biotoop in klein formaat zijn en u veel plezier brengen. Investeer tijd in de planning en informeer grondig naar de behoeften van de door u gekozen soorten. Met de juiste selectie en verzorging creëert u een harmonieus ecosysteem waarin uw aquariumbewoners gezond en gelukkig kunnen leven.

3. Vormgeving en Design

Hebt u zich ooit afgevraagd hoe een klein aquarium ondanks de beperkte ruimte indrukwekkend kan zijn? De kunst van nano-aquaristiek ligt in het doordacht gebruik van elke centimeter om een fascinerende onderwaterwereld te creëren. Terwijl grote aquaria vaak indruk maken door hun pure grootte, onthullen minibecken hun charme door nauwkeurige planning en slimme ontwerptrucs. Een harmonieuze samenwerking van planten, decoratie en techniek transformeert zelfs de kleinste bakken in levendige natuurfragmenten. Laten we samen ontdekken hoe u uw nano-aquarium in een visuele sensatie kunt omtoveren.

3. 1 Inrichtingsconcepten

Inrichtingsconcepten voor nano-aquaria beïnvloeden in belangrijke mate het welzijn van de bewoners en de esthetiek van het aquarium. De keuze van de juiste indeling, materialen en beplanting stelt aquarianen voor specifieke uitdagingen – vooral in de beperkte ruimte van een miniaquarium. Verschillende ontwerprichtingen, van natuurgetrouw tot minimalistisch, bieden diverse mogelijkheden om een functioneel en visueel aantrekkelijk ecosysteem te creëren. Ontdek de verschillende concepten en vind de optimale inrichting voor uw nano-aquarium.

De diervriendelijke inrichting van een nano-aquarium, of het nu natuurgetrouw, minimalistisch of als biotoop is, prioriteert altijd de behoeften van de bewoners.

Natuurlijke vormgeving

Natuurlijke vormgeving in het nano-aquarium is gericht op de natuurlijke leefomgevingen van de verzorgde soorten. Het probeert de onderwaterlandschappen van rivieren, meren of zeeën in het klein na te bootsen. Dit bevordert niet alleen het welzijn van de aquariumbewoners, maar creëert ook een esthetisch aantrekkelijke omgeving voor de kijker. Een natuurlijke indeling houdt rekening met de behoeften van de dieren en planten en integreert elementen zoals bodem, stenen, hout en beplanting in een harmonisch geheel. De keuze van de bodem hangt af van de verzorgde soorten en beïnvloedt de waterchemie. Garnalen hebben bijvoorbeeld een andere bodem nodig dan vissen. Stenen en hout dienen niet alleen ter decoratie, maar bieden ook schuilplaatsen en kweekplaatsen. Ze structureren het aquarium en creëren verschillende zones. De beplanting speelt een cruciale rol in het oekosystem van het aquarium. Het produceert zuurstof, filtert verontreinigingen en biedt de dieren voedsel en bescherming. Ook de juiste verlichting is essentieel voor een gezonde plantengroei en de diervriendelijke verzorging van de aquariumbewoners. Een evenwichtige verhouding van licht en schaduw simuleert natuurlijke omstandigheden en voorkomt algengroei. De inrichting van woonruimtes moet afgestemd zijn op de behoeften van de bewoners om hun onafhankelijkheid en levenskwaliteit te ondersteunen. [s31] Toegepast op het nano-aquarium betekent dit dat de inrichting moet worden afgestemd op de behoeften van de specifieke soorten om hen een diervriendelijke omgeving te bieden. Door de integratie van visuele en akoestische elementen kan het welzijn van de aquariumbewoners onder andere worden verhoogd door een zachte waterstroom, die door een geschikte filter wordt gecreëerd. [s31] Een natuurlijke nano-aquarium kan zo een klein biotoop in eigen huis creëren, dat zowel de dieren als de kijker vreugde brengt. De zorgvuldige selectie en ordening van de afzonderlijke elementen – onder andere bodem, stenen, hout en planten

– creëert een harmonisch en levendig ecosysteem. Het in acht nemen van de specifieke behoeften van de aquariumbewoners is daarbij de sleutel tot succes.

Biotoop [i17]

paaigebied [i18]

Goed om te weten

Biotoop

De nabootsing van een specifieke natuurlijke leefomgeving in het nano-aquarium, met de kenmerkende waterparameters, planten en dieren. Dit maakt het mogelijk om de natuurlijke interacties van de soorten te observeren.

Indeling

De ordening van de elementen in het nano-aquarium, die zowel tegemoetkomt aan de behoeften van de bewoners als aan esthetische aspecten. Een doordachte indeling maximaliseert de beschikbare ruimte en creëert een harmonisch geheel.

Kweekplaatsen

Specifieke gebieden in het aquarium die voldoen aan de behoeften van vissen of andere waterorganismen voor het leggen van eieren en voortplanting. Deze gebieden kunnen worden gecreëerd door stenen, holen of speciale planten.

Verdeling van natuurlijke elementen in een Nano Aquascape

Verhouding van natuurlijke elementen binnen een nano aquascape ontwerp.

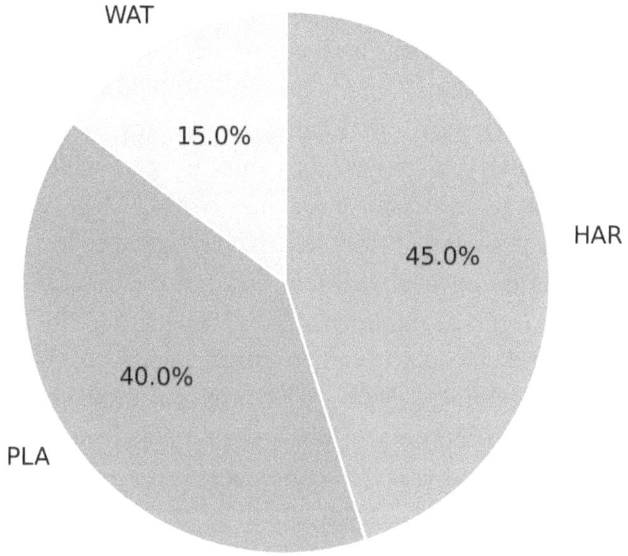

- HAR: Hardscape (Stenen, Drijfhout)
- PLA: Planten
- WAT: Open Water

De visualisatie benadrukt het belang van hardscape-elementen zoals stenen en drijfhout bij het creëren van een natuurlijk aquascape. Hoewel planten aanzienlijk bijdragen aan de algehele esthetiek en het ecosysteem, benadrukt het aanzienlijke aandeel dat aan hardscape is toegewezen hun rol bij het definiëren van de lay-out en het bieden van structuur voor het waterleven. Het kleinere percentage dat is gewijd aan open water zorgt voor visbeweging en visuele balans, waardoor de tank er niet overvol uitziet.

Minimalistische Arrangements

Minimalistische aquaristische arrangementen zijn gebaseerd op reductie en helderheid. Minder is meer – dit principe weerspiegelt zich in de bewuste selectie en spaarzame toepassing van decoratieve elementen. Het doel is een esthetisch aantrekkelijk, op het essentiële geconcentreerd onderwaterbeeld. Dit komt niet alleen de esthetiek ten goede, maar vereenvoudigt ook het onderhoud en biedt de aquariumbewoners, ondanks de beperkte inrichting, voldoende zwemruimte en bewegingsvrijheid. De focus op enkele zorgvuldig geselecteerde elementen leidt de aandacht naar hun vorm, kleur en textuur. Een enkele, markante steen of een kunstzinnig gevormde wortel kan een blikvanger worden en het aquarium een persoonlijke toets geven. Ook de beplanting volgt de minimalistische benadering. In plaats van een weelderige verscheidenheid worden enkele, goed op elkaar afgestemde plantensoorten gebruikt. Hun groeivorm en kleur benadrukken het reductieve ontwerp. Zo kunnen bijvoorbeeld enkele stelen van een hoog groeiende achtergrondplant in combinatie met een kleine, compacte voorgrondplant een harmonisch contrast creëren. De keuze van de bodem draagt ook bij aan het totaalbeeld. Een fijne, lichte zandbodem versterkt de indruk van ruimte en netheid, terwijl donkere grind een natuurlijk contrast vormt met de planten en decoratieve elementen. De technische uitrusting moet zo onopvallend mogelijk worden geïntegreerd. Filters en verwarmers kunnen achter decoratie of in een filterbak worden verborgen. Ook de verlichting speelt een belangrijke rol. Gerichte lichtinval benadrukt de geselecteerde elementen en creëert een sfeervolle atmosfeer. Bij het inrichten van een minimalistisch aquarium is de keuze van de aquariumbewoners cruciaal. Kleinere, rustige vissoorten of garnalen passen goed bij deze inrichtingsstijl en benadrukken de rust en helderheid van het arrangement. Een schooltje kleine, zilverachtige vissen voor een donkere achtergrond kan een fascinerende blikvanger zijn. De reductie tot het essentiële vereist zorgvuldige planning en selectie van de afzonderlijke componenten. Elk element moet in vorm, kleur en grootte harmonieus op elkaar zijn afgestemd om een samenhangend totaalbeeld te creëren. De vrije ruimte in het aquarium wordt bewust ingezet om de impact van de weinige, geselecteerde elementen te versterken. Een minimalistisch aquarium biedt de mogelijkheid om de schoonheid van de onderwaterwereld tot het essentiële te reduceren en een esthetisch veeleisende, gemakkelijk te onderhouden omgeving voor de aquariumbewoners te creëren. Zo kan bijvoorbeeld een 20 liter groot Nano-Cube met een donkere grindbodem, een enkele wortel en een kleine groep dwerggarnalen een indrukwekkend voorbeeld van een minimalistisch Aquascape zijn. De eenvoudige elegantie van dit arrangement kalmeert het oog en laat de kleine bewoners optimaal tot hun recht komen. Het onderhoud van een dergelijk aquarium is bovendien relatief eenvoudig, omdat er minder decoratieve elementen gereinigd en minder planten gesnoeid hoeven te worden. De regelmatige controle van de waterwaarden en het spaarzame gebruik van meststoffen waarborgen een stabiel en gezond ecosysteem waarin de aquariumbewoners zich prettig voelen. Door de bewuste beperking tot enkele elementen ontstaat een helder gestructureerde, harmonieuze leefomgeving die zowel de dieren als de kijker ten goede komt. Minimalisme in het aquarium is dus meer dan alleen een trend – het is een filosofie die esthetiek, functionaliteit en dierenwelzijn in balans brengt.

Aquascape [i19]

Nano Kubus [i20]

Wortel (Aquarium) [i21]

Goed om te weten

Aquascape

Een aquascape is de vormgeving van onderwaterlandschappen in een aquarium, waarbij esthetische aspecten centraal staan. Het combineert aquariumhouden met tuinarchitectuur en creëert zo een levend kunstwerk.

Nano-Cube

Een Nano-Cube is een klein, kubusvormig aquarium dat door zijn geringe grootte bijzonder geschikt is voor minimalistische aquaristische arrangementen en de verzorging van dwerggarnalen of kleine vissoorten.

Nano Aquarium Ontwerp: Ruimte vs. Decor

Visualisatie van minimalistische aquascaping.

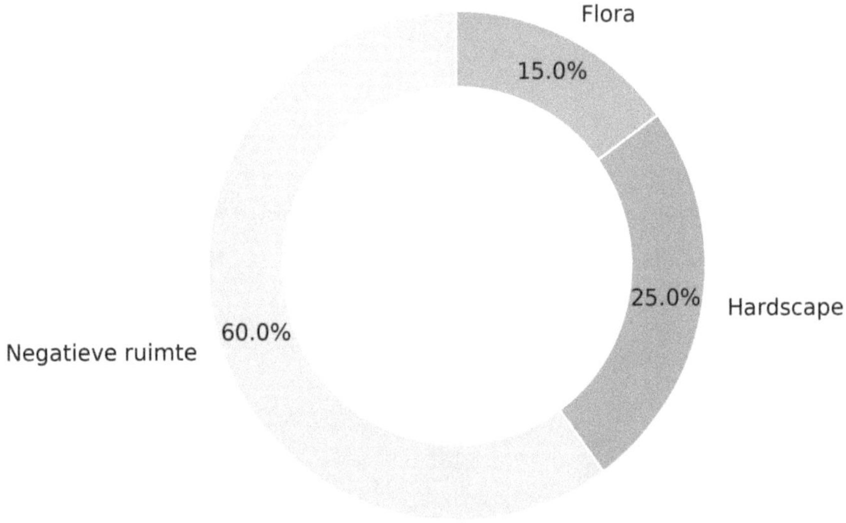

- FLR: Flora
- HRD: Hardscape
- NEG: Negatieve ruimte

Deze grafiek benadrukt de belangrijke rol van open ruimte in een minimalistische nano-aquariumopstelling. Het grote aandeel dat is toegewezen aan 'Negatieve ruimte' onderstreept het principe van 'less is more'. Hoewel hardscape en flora essentieel zijn, creëert hun ingetogen aanwezigheid een gevoel van rust en benadrukt het de individuele elementen, waardoor de levende have en het waterleven opvallen. Deze balans zorgt voor een visueel aantrekkelijk aquascape zonder er rommelig of overweldigend uit te zien.

Biotoopvorming

Biotoopvorming in het nano-aquarium betekent het nauwkeurig nabootsen van inheemse of geografisch beperkte leefomgevingen. Het gaat niet alleen om de esthetische reproductie van een bepaalde regio, maar vooral om het creëren van een functioneel ecosysteem in miniatuurformaat. Dit vereist uitgebreide kennis van de interacties tussen de organismen die in het biotoop voorkomen, evenals hun specifieke eisen aan waterwaarden, verlichting en voeding. Een Amazonasbiotoop verschilt bijvoorbeeld fundamenteel van een Aziatisch Zwartwaterbiotoop – niet alleen visueel, maar ook in de chemische en biologische parameters. De simulatie van een zuur zwartwaterbiotoop vereist onder andere het gebruik van speciale houtsoorten en bladeren die humuszuren vrijgeven en de pH-waarde verlagen. De selectie van flora en fauna moet ook strikt gebaseerd zijn op de natuurlijke voorbeelden. Een Zuid-Amerikaans aquarium met discusvissen is niet compatibel met Aziatische garnalen. Nauwkeurige research naar de natuurlijke omstandigheden is daarom essentieel. De ruimtelijke ordening en diepte van de verschillende habitatstructuren beïnvloeden de geschiktheid van het biotoop, waarbij ondiepere wateren nabij mangroven hogere geschiktheidswaarden vertonen [s32]. Toegepast op het nano-aquarium betekent dit dat de verschillende behoeften van de organismen aan hun leefomgeving door middel van gerichte vormgeving in overweging moeten worden genomen. Een dicht zeegrasbiotoop biedt andere soorten bescherming dan een rotsachtige bodem. Ook in het nano-aquarium kunnen verschillende zones worden gecreëerd om aan de behoeften van verschillende soorten te voldoen. Kleinere vissen kunnen bijvoorbeeld bescherming vinden in dicht beplante gebieden, terwijl grotere soorten open zwemruimtes nodig hebben. Het gebruik van natuurlijke materialen, zoals stenen, hout en bladeren, helpt bij het creëren van een authentiek biotoop. Hierbij moet ervoor worden gezorgd dat de

materialen vrij zijn van verontreinigingen en de waterwaarden niet negatief beïnvloeden. De chemische en structurele samenstelling van materialen kan in de loop van de tijd in het aquarium veranderen [s33]. Daarom is regelmatige controle van de waterparameters en indien nodig een gedeeltelijke waterverversing vereist om een stabiel en gezond ecosysteem te waarborgen. Een goed gepland en uitgevoerd biotopaquarium biedt niet alleen de dieren een diervriendelijke leefomgeving, maar is ook voor de kijker een fascinerende vertoning van de natuur.

Mangroven [i22]

Veelvoorkomende Biotoopstijlen voor Nano Aquaria

Typische verdeling van hardscape elementen

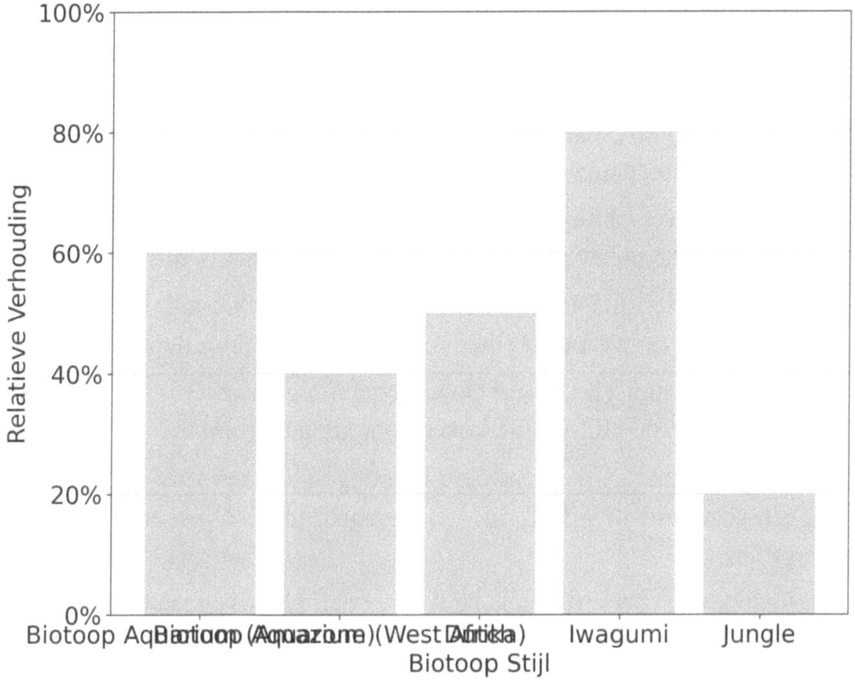

Bio: Biotoop Aquarium (Amazone) Dut: Dutch

Iwa: Iwagumi Jun: Jungle

De Iwagumi-stijl benadrukt een minimalistische esthetiek met een focus op rotsen en open ruimte. De Jungle-stijl daarentegen geeft prioriteit aan dichte beplanting en hout, waardoor een weelderige, overwoekerde uitstraling ontstaat. De Hollandse stijl toont een levendige reeks planten die in terrassen en verschillende groepen zijn gerangschikt. Het Biotoop Aquarium streeft naar een nauwkeurige replicatie van een specifieke natuurlijke omgeving, wat resulteert in variabele hardscape, afhankelijk van de gekozen habitat.

Concrete adviezen

- Ontwikkel voor uw inrichtingsconcept een eigen kleurenpalet met maximaal drie hoofdkleuren en pas deze consequent toe bij de keuze van planten, bodem en decoratie.
- Speel met dieptewerking: Plaats hogere decoratieve elementen op de achtergrond en lagere op de voorgrond om de indruk van ruimtelijke diepte te creëren.
- Maak gebruik van de reflectie op het wateroppervlak: Positioneer bijzonder mooie planten of decoratieve elementen zo dat ze zich in het water spiegelen en zo dubbel tot hun recht komen.
- Werk met verschillende texturen: Combineer gladde stenen met ruw hout en fijne plantenbladeren om een interessant contrast te creëren.
- Stel afzonderlijke gebieden in met gerichte verlichting: Benadruk bijzondere ontwerpelementen met kleine, gefocuste lichtbronnen.
- Creëer dynamische lijnen: Gebruik schuin geplaatste stenen of wortels om de blik van de kijker door het aquarium te leiden.
- Integreer natuurlijke vondsten: Een ongewoon gevormde steen of een verweerd stuk drijfhout kan uw aquarium een persoonlijke touch geven.
- Laat bewust open ruimtes: Niet elke centimeter van het aquarium hoeft beplant of gedecoreerd te zijn. Lege gebieden creëren rust en laten de aanwezige elementen beter tot hun recht komen.
- Varieer de grootte van de elementen: Combineer grote stenen met kleine kiezels en grote planten met fijn mos om een gevarieerd beeld te creëren.
- Doorbreek conventies: Durf ongebruikelijke materialen of ontwerpideeën uit te proberen om uw aquarium een unieke karakter te geven.

3. 2 Ruimteplanning

Ruimtelijke planning in het nano-aquarium maximaliseert de beschikbare ruimte en houdt rekening met de behoeften van de bewoners. Een doordachte inrichting creëert functionele zones voor zwemmen, terugtrekken en natuurlijk gedrag, terwijl de esthetiek niet uit het oog wordt verloren. Fouten bij de planning kunnen echter leiden tot stress, ziekten en een visueel onharmonisch geheel. Ontdek hoe u uw kleine onderwaterkosmos optimaal kunt structureren en een bloeiend mini-ecosysteem kunt creëren.

In een nano-aquarium telt elke centimeter. Daarom moet de indeling van zones, zoals zwemgebieden en schuilplaatsen, strategisch worden gepland om tegemoet te komen aan de behoeften van de bewoners en tegelijkertijd het onderhoud te vergemakkelijken.

Zone-indeling

De zone-indeling in het nano-aquarium is multidimensionaal en houdt rekening met zowel de behoeften van de bewoners als de esthetische eisen van de kijker. In plaats van het aquarium als een homogene ruimte te beschouwen, moet men verschillende gebieden met verschillende functies creëren. Deze zonering bevordert het natuurlijke gedrag van de aquariumbewoners en vergemakkelijkt het onderhoud. Verschillende zones kunnen in elkaar overlopen en hoeven niet strikt van elkaar gescheiden te zijn. Toch is een duidelijke structuur nuttig om een functioneel en visueel aantrekkelijk ecosysteem te creëren. [s34] Een structurering van de zones kan plaatsvinden op basis van hun belangrijkheid. Zo kunnen gebieden van algemene betekenis, zoals open zwemzones, worden onderscheiden van zones met gematigde, hoge of extreme belangrijkheid. Bijzonder belangrijke zones zijn bijvoorbeeld schuilplaatsen voor schuwe dieren of gebieden met speciale vereisten voor de waterparameters. Deze indeling helpt om de verschillende behoeften van de aquariumbewoners gericht in overweging te nemen en een evenwichtige omgeving te creëren. In plaats van alleen te focussen op de visuele inrichting, maakt deze benadering een objectievere beoordeling van de verschillende gebieden en hun functie in het totale systeem mogelijk. [s34] Een dichte beplanting in een bepaald gebied kan onder andere dienen als schuilplaats voor garnalen of jonge vissen en tegelijkertijd de waterkwaliteit verbeteren door overtollige voedingsstoffen op te nemen. De afbakening van de zones kan plaatsvinden door verschillende vormgevingselementen. Hardscape-elementen zoals stenen, wortels of holen structureren de ruimte en creëren natuurlijke barrières. Ook de beplanting speelt een cruciale rol: dichte plantengroei vormt visuele grenzen en biedt tegelijkertijd bescherming en schuilmogelijkheden. Verschillende bodems kunnen ook worden gebruikt om zones af te bakenen en tegelijkertijd aan de specifieke behoeften van de bewoners te voldoen. Zo kan een fijne zandbodem aan de voorkant geschikt zijn voor gravende dieren, terwijl een grovere grindbodem aan de achterkant de beplanting ondersteunt. De zonering moet ook het schoonmaak- en onderhoudswerk vergemakkelijken. Open zwemzones bieden ongehinderd toegang voor het schepnet en vergemakkelijken het afzuigen van mulm. Door slimme plaatsing van decoratie en planten kunnen moeilijk bereikbare gebieden worden vermeden. Een goed doordachte zone-indeling vereenvoudigt dus het regelmatige onderhoud en draagt op lange termijn bij aan het succes van het nano-aquarium. Net als bij de ruimteplanning in de buitenruimte, waar paden en groenvoorzieningen strategisch worden aangelegd om het gebruik te optimaliseren, dient de zonering in het aquarium voor de best mogelijke inrichting van de leefomgeving voor de aquatische bewoners. [s35] De afzonderlijke gebieden van het aquarium kunnen, vergelijkbaar met een kaart, in subgebieden worden verdeeld om een optimale inrichting en onderhoud te waarborgen. Zo kunnen bijvoorbeeld gebieden voor bepaalde plantensoorten of voor gerichte bemesting worden afgebakend.

Aquascaping [i23]

Goed om te weten

Hardscape

Hardscape-elementen zoals stenen, wortels en holen structureren de ruimte in het nano-aquarium en creëren verschillende zones die de bewoners kunnen dienen als schuilplaats, paaiplaats of territorium.

Mulm

Mulm is de organische afzetting op de bodem van het nano-aquarium, die ontstaat door voedselresten, plantenresten en uitscheidingen van de bewoners. Bij de zonering moet men gebieden inplannen die het verwijderen van mulm vergemakkelijken.

Zonering

In het nano-aquarium helpt de zonering om verschillende gebieden te creëren voor de uiteenlopende behoeften van de bewoners, zoals open zwemzones, dicht beplante schuilplaatsen of gebieden met speciale waterparameters. Dit bevordert het natuurlijke gedrag en vergemakkelijkt het onderhoud.

Nano Aquarium Zones

Zones in een Nano Aquarium

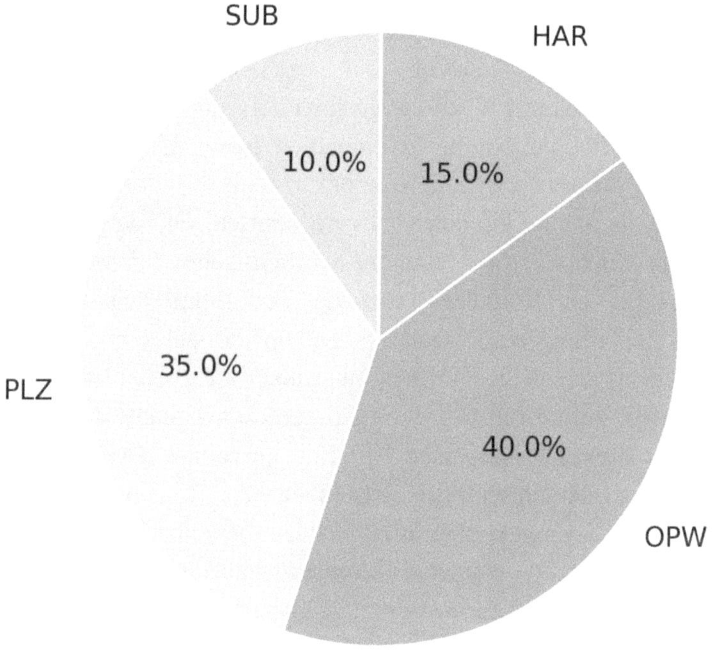

HAR: Hardscape	OPW: Open Water
PLZ: Plantzone	SUB: Substraat

Deze grafiek benadrukt het belang van een zorgvuldige ruimteverdeling in een nano-aquarium. Het aanzienlijke deel dat is gereserveerd voor de 'Open Water'-zone zorgt voor visbeweging en algehele esthetische balans. 'Plantzone' benadrukt de rol van waterflora in oxygenatie en visuele aantrekkingskracht. Hoewel kleiner, zijn de zones 'Hardscape' en 'Substraat' cruciaal voor het bieden van beschutting, het bevorderen van nuttige bacteriën en het algehele ontwerp van aquascapes.

Zwemgebieden

Open zwemgebieden in het nano-aquarium vervullen een belangrijke functie voor de gezondheid en het welzijn van de aquariumbewoners. Voldoende ruimte om vrij rond te zwemmen draagt bij aan het natuurlijke gedrag van de vissen en voorkomt stress. Krappe omstandigheden kunnen leiden tot agressie en ziekten, terwijl een genereus zwemgebied het immuunsysteem versterkt en de levenskwaliteit van de dieren verhoogt. De grootte van het benodigde zwemgebied hangt af van de soort en grootte van de vissen. Levendige soorten zoals bijvoorbeeld barbelen hebben meer ruimte nodig dan rustigere soorten. Bij de planning van het aquarium moet daarom rekening worden gehouden met de latere besatzdichte en de behoeften van de betreffende vissoorten. Een weelderige beplanting aan de rand en op de achtergrond van het aquarium creëert niet alleen visueel aantrekkelijke zones, maar laat ook voldoende vrije ruimte om te zwemmen aan de voorkant. Zo ontstaat er een harmonisch evenwicht tussen structuur en ruimte. Ook de plaatsing van decoratieve elementen zoals stenen en wortels moet zo gebeuren dat de centrale zwemgebieden niet worden beperkt. Door de slimme indeling van hardscape-elementen kunnen interessante zichtlijnen en afwisselende perspectieven worden gecreëerd, zonder de vissen de noodzakelijke bewegingsruimte te ontnemen. Een goed gestructureerd zwemgebied kan zelfs het welzijn van de kijker positief beïnvloeden. Studies tonen aan dat het observeren van vissen in een aquarium kalmerend en stressverlagend kan werken [s36]. Een diervriendelijk ingericht aquarium met voldoende ruimte voor de vissen komt dus niet alleen de dieren ten goede, maar bevordert ook het welzijn van de houder. Een open, goed zichtbare zwemzone maakt bovendien een betere observatie van de vissen mogelijk en vergemakkelijkt de controle van hun gezondheidstoestand. Veranderingen in gedrag of uiterlijk van de dieren kunnen zo vroegtijdig worden opgemerkt en passende maatregelen worden genomen. Daarnaast biedt een vrij zwemgebied de mogelijkheid om het natuurlijke gedrag van de vissen beter te bestuderen en hun sociale gedrag te observeren. De interactie tussen de vissen en hun bewegingspatronen in het water bieden fascinerende inzichten in de wereld van het nano-aquarium. Een te dicht beplant of met decoratie overbelast aquarium daarentegen bemoeilijkt de observatie en kan het natuurlijke gedrag van de vissen beïnvloeden. De inrichting van het zwemgebied moet daarom zorgvuldig worden gepland en afgestemd op de behoeften van de betreffende vissoorten. Zo wordt het nano-aquarium een levendig en harmonieus ecosysteem dat zowel de dieren als de kijker vreugde brengt.

School vissen [i24]

Nano Aquarium Zwemzones

Ideale zwemzone afmetingen op basis van vislengte.

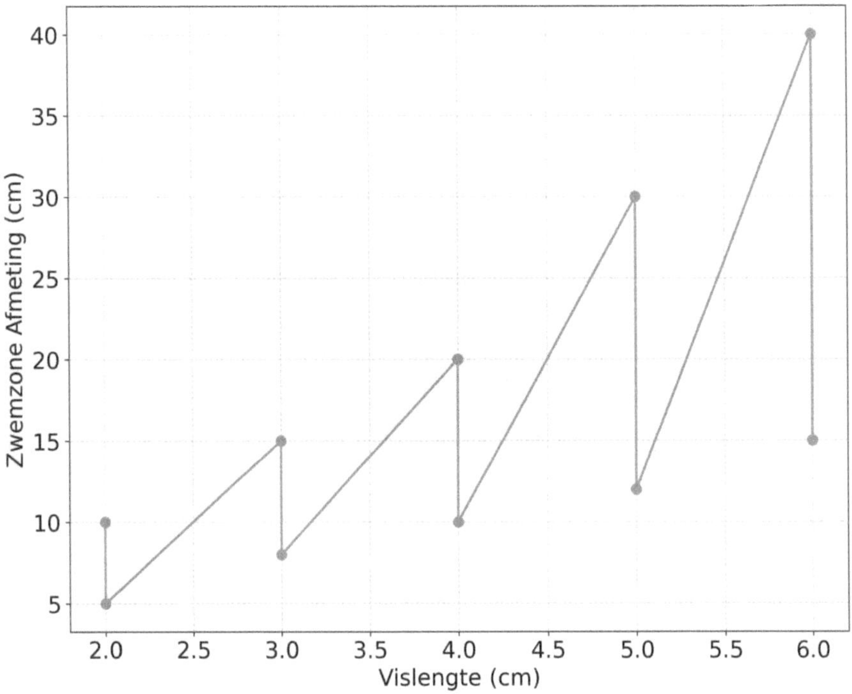

De grafiek toont de correlatie tussen de lengte van de vis en de aanbevolen afmetingen van de zwemzone. Grotere vissen vereisen proportioneel meer zwemruimte in zowel lengte als diepte. Dit benadrukt het belang van het afstemmen van de aquarium afmetingen op de specifieke behoeften van de bewoners om hun welzijn te garanderen en stress te minimaliseren. Een kleine toename in vislengte kan een aanzienlijke uitbreiding van de zwemzone noodzakelijk maken, met name in lengte.

Schuilplaatsen

Terugtrekplaatsen en schuilmogelijkheden zijn essentieel voor het welzijn van de bewoners van het aquarium. Ze bieden de dieren bescherming tegen stress, dienen voor de territoriale afbakening en bevorderen het natuurlijke gedrag. Een gevarieerd aanbod van schuilplaatsen vermindert intraspecifieke agressies en biedt vooral schuwe of ranglagere dieren de mogelijkheid om zich terug te trekken en zo conflicten te vermijden. De inrichting van deze terugtrekplaatsen moet afgestemd zijn op de specifieke behoeften van de verschillende soorten. Sommige bodembewoners geven de voorkeur aan holen en buizen, terwijl andere soorten dichte plantengroei of overhangende wortels als schuilplaats gebruiken. Materialen voor schuilplaatsen zijn divers. Naast natuurlijke materialen zoals stenen, wortels en bladeren zijn ook kunstmatige holen, klei buizen of speciale schuilplaatsen van keramiek of kunststof geschikt. Bij de keuze van de materialen moet gelet worden op de watercompatibiliteit en de afwezigheid van schadelijke stoffen. Scherpe randen of puntige structuren moeten vermeden worden om verwondingen bij de dieren te voorkomen. Een voorbeeld van een goed geschikte schuilplaats voor kleinere garnalen of vissen is een kokosnootschaal, waarvan de harde buitenkant bescherming biedt en de vezelige binnenkant als extra terugtrekruimte dient. De plaatsing van de schuilplaatsen in het aquarium moet strategisch gebeuren. Door terugtrekplaatsen in verschillende zones te verspreiden – op de voorgrond, in het midden en op de achtergrond – wordt de totale leefruimte optimaal benut en wordt rekening gehouden met de verschillende behoeften van de bewoners. Een opeenhoping van schuilplaatsen in slechts één gebied kan leiden tot territoriale gevechten en stress. Ook de combinatie van verschillende soorten schuilplaatsen – holen, spleten, dichte beplanting – draagt bij aan de verrijking van de leefomgeving en biedt de dieren een grotere keuze aan terugtrekmogelijkheden. Een wortel die in de buurt van dichte beplanting wordt geplaatst, kan een veilige en beschermde ruimte creëren waar de dieren zich zowel in de wortelholte als in het plantendek kunnen verstoppen. Het aantal schuilplaatsen moet worden aangepast aan de besatzdichte en de behoeften van de verschillende soorten. Een vuistregel zegt dat er voor elke vis minimaal één schuilplaats aanwezig moet zijn, idealiter echter meer. Vooral bij het houden van groepsvissen of territoriale soorten is een voldoende aanbod van terugtrekplaatsen belangrijk om conflicten te minimaliseren. Bij het inrichten van het aquarium is het raadzaam om aanvankelijk meer schuilplaatsen te plaatsen dan theoretisch nodig zijn. Zo kunnen de dieren zelf kiezen welke schuilplaatsen ze verkiezen en ongebruikte schuilplaatsen kunnen later weer worden verwijderd.

Observeer het gedrag van uw aquariumbewoners: maken ze gebruik van alle aangeboden schuilplaatsen? Zijn er tekenen van stress of agressie? Aan de hand van deze observaties kan het aantal en de indeling van de schuilplaatsen geoptimaliseerd worden. De reiniging van de schuilplaatsen moet regelmatig plaatsvinden als onderdeel van de aquariumverzorging. Afzettingen van slib of voedselresten kunnen de waterkwaliteit beïnvloeden en ziekteverwekkers herbergen. Schuilplaatsen van natuurlijke materialen zoals wortels of stenen kunnen met een zachte borstel worden gereinigd. Kunstmatige schuilplaatsen kunnen doorgaans gemakkelijk uit het aquarium worden verwijderd en onder stromend water worden afgespoeld. Bij het reinigen moet ervoor gezorgd worden dat de nuttige bacteriën in het aquarium niet worden beschadigd. Gebruik daarom geen heet water of agressieve schoonmaakmiddelen. Een regelmatig gedeeltelijk waterverversing en het afzuigen van slib in de omgeving van de schuilplaatsen dragen ook bij aan de netheid en hygiëne in het aquarium. Let bij de keuze van de schuilplaatsen op een gemakkelijke reinigingsmogelijkheid om de onderhoudswerkzaamheden te vergemakkelijken. Gladde oppervlakken zijn gemakkelijker schoon te maken dan poreuze materialen die vuil en afzettingen sterker vasthouden.

Grot (Aquarium) [i25]

Goed om te weten

Agressies

In het nano-aquarium kunnen agressies, vooral bij overbezetting of ongeschikte soortencombinaties, snel tot problemen leiden. Voldoende schuilplaatsen kunnen helpen deze te minimaliseren door zwakkere dieren terugtrekplaatsen te bieden.

Ranglagere dieren

Ranglagere dieren in het nano-aquarium zijn bijzonder kwetsbaar voor stress door dominante soortgenoten. Goed geplaatste schuilplaatsen bieden hen bescherming en verminderen de kans op conflicten.

Territoriale soorten

Territoriale soorten hebben in het nano-aquarium duidelijk afgebakende gebieden nodig die ze als hun territorium beschouwen. Schuilplaatsen en de inrichting van het aquarium met planten en decoratie kunnen helpen om deze territoria te definiëren en conflicten te minimaliseren.

Territoriale afbakening

Ook in kleine aquaria proberen sommige soorten territoria te vormen. Door slimme plaatsing van schuilplaatsen en decoratieve elementen kan de territoriale vorming worden ondersteund en tegelijkertijd de rest van de ruimte voor andere bewoners open blijven.

Schuilplaatsen

Aantal schuilplaatsen per type

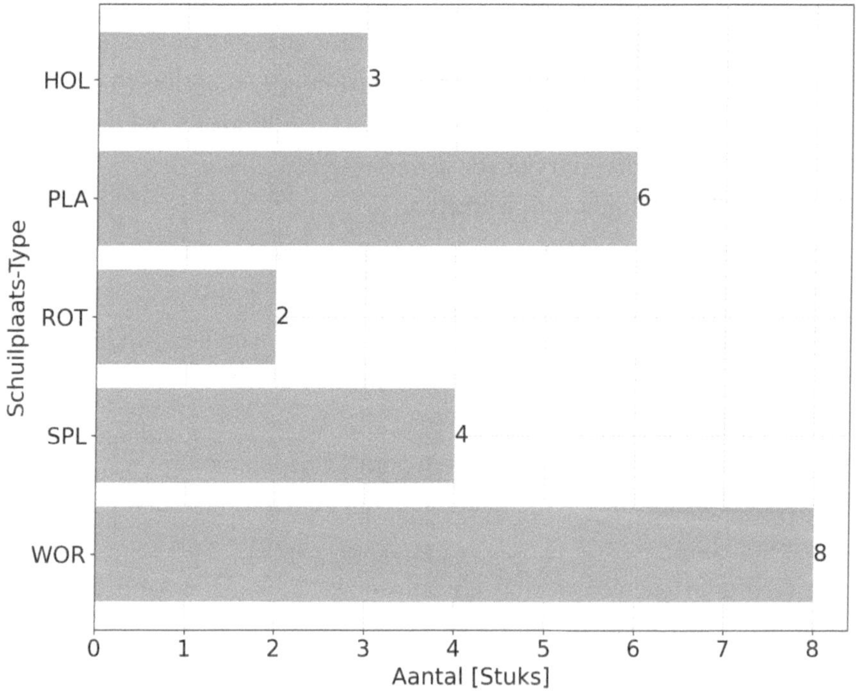

HOL: Holtes

PLA: Planten

ROT: Rotsen

SPL: Spleten

WOR: Wortels

Het diagram toont de verdeling van de schuilplaatsen in het nano-aquarium. Holtes en spleten bieden de meeste opties, terwijl wortels en planten minder schuilplaatsen bieden. Een evenwichtige verhouding van verschillende soorten schuilplaatsen bevordert het welzijn van de aquariumbewoners.

Concrete adviezen

- Ontwikkel een miniatuurbioom in het nano-aquarium door de ontwerpelementen en bewoners te baseren op een echt voorbeeld, zoals een kleine beek.
- Gebruik de Gulden Spiraal of de Gulden Snede als ontwerpraster om de indeling van hardscape en planten harmonieus te structureren.
- Creëer in het aquarium een visueel vluchtpunt door de lijnen en beplanting op een bepaald punt in de achtergrond te richten.
- Integreer transparante, verschillend hoge acryltrappen om de ruimte in het nano-aquarium optisch te vergroten en nieuwe ontwerpmogelijkheden te creëren.
- Zet licht en schaduw doelbewust in om bepaalde gebieden van het aquarium te benadrukken of bewust op de achtergrond te plaatsen.
- Ontwerp een onderwaterlandschap met grotten en doorkijkjes die de vissen verschillende perspectieven en spannende bewegingsmogelijkheden bieden.
- Varieer de textuur van de bodem door gebieden met fijn zand en andere met grover grind te creëren, om de natuurlijke diversiteit weer te geven.
- Gebruik stenen en wortels niet alleen als decoratie, maar ook als functionele elementen, bijvoorbeeld als natuurlijke filters of paaiplaatsen.
- Neem het kijkperspectief op in uw planning: maak de voorkant van het aquarium gedetailleerder dan de achtergrond.
- Gebruik de beperkte grootte van het nano-aquarium als voordeel en concentreer u op enkele, zorgvuldig geselecteerde ontwerpelementen die doelgericht worden gepresenteerd.
- Documenteer het ontwerpproces van uw nano-aquarium fotografisch en analyseer de beelden om optimalisatiemogelijkheden te herkennen.

3. 3 Optische Effecten

Optische effecten beïnvloeden de dieptewerking en de algehele waarneming van een nano-aquarium aanzienlijk. Vorm, de opstelling van de decoratie, lichtbreking, verstrooiing en kleurcontrasten spelen een cruciale rol in de ruimtelijke indruk. Tegelijkertijd beïnvloeden deze factoren het welzijn van de bewoners van het aquarium. De juiste inrichting maakt niet alleen een esthetisch aantrekkelijk, maar ook een diervriendelijk mini-biotop mogelijk. Ontdek hoe u door gerichte toepassing van optische ontwerprincipes uw nano-aquarium optimaal kunt presenteren.

In het nano-aquarium versterkt de combinatie van vorm, kleur, licht en rangschikking het diepte-effect en beïnvloedt het welzijn van de bewoners.

Dieptewerking

Dieptewerking in het nano-aquarium ontstaat door de slimme interactie van verschillende optische factoren. Geometrische vorm en de samenstelling van de opstelling beïnvloeden de optische gradiënten van transparantie en kleur, waardoor de indruk van diepte ontstaat. [s37] Een schuin geplaatste steen lijkt bijvoorbeeld verder weg dan een even grote steen die parallel aan het frontglas is geplaatst. De opstelling van decoratieve elementen in het aquarium beïnvloedt dus aanzienlijk de waargenomen diepte. Naast de vormgeving spelen ook reflectie, breking en volume kleur een cruciale rol. [s37] Water zelf breekt het licht en verandert de waarneming van de objecten daarachter. Daar komt de lichtverstrooiing aan zwevende deeltjes bij, die de contrasten op de achtergrond vermindert en zo de indruk van afstand versterkt. Ook de kleur van de gebruikte bodem en de achterwand kan de dieptewerking beïnvloeden: Donkere kleuren op de achtergrond versterken de dieptewerking, terwijl lichtere kleuren deze verminderen. De sferische aberratie, een afwijking van de ideale lichtbreking, kan de dieptewerking verder beïnvloeden. [s38] Hoewel dit effect in het nano-aquarium meestal slechts minimaal optreedt, kan het worden versterkt door de keuze van de lenzen in de aquariumverlichting of door het gebruik van speciale optische elementen. Een sferische aberratie van 0,6 micrometer kan de dieptewerking met ongeveer 2 dioptrieën verhogen. [s38] Dit komt ongeveer overeen met het effect van een zwakke loep en kan in de kleine schaal van een nano-aquarium een merkbaar verschil maken. Het kleur-schaduweffect beïnvloedt ook de dieptewaarneming. [s39] Kleurveranderingen binnen het aquarium, bijvoorbeeld door verschillend gekleurde planten of decoraties, kunnen de dieptewerking versterken of verzwakken. Contrasterende kleuren op de voorgrond en achtergrond creëren een sterkere dieptewerking, terwijl vergelijkbare kleuren de indruk van diepte verminderen. [s39] Belangrijk hierbij is dat het kleurcontrast sterk genoeg is om het effect te bereiken. De specifieke kleurstelling van de natuurlijke schaduwen speelt daarbij een ondergeschikte rol. [s39] Een donkere, roodachtige achtergrond met helder groene planten op de voorgrond creëert bijvoorbeeld een sterkere dieptewerking dan een helder groene achtergrond met donkergroene planten.

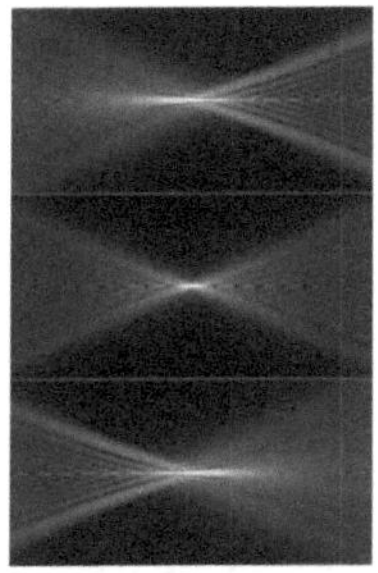

Sferische aberratie [i26]

Goed om te weten

Kleur-Schaduweffect

Het kleur-schaduweffect beschrijft de verandering van kleurwaarneming door verschillende lichtomstandigheden en -kleuren in het nano-aquarium. Dit effect kan doelgericht worden ingezet om de dieptewerking te beïnvloeden, bijvoorbeeld door op de achtergrond donkere en op de voorgrond lichtere kleuren te gebruiken.

Lichtverstrooiing

De verstrooiing van licht aan zwevende deeltjes in het water beïnvloedt de waarneming van diepte in het nano-aquarium. Een geringe lichtverstrooiing zorgt voor helder water en een betere dieptewerking, terwijl sterke verstrooiing het aquarium vlakker laat lijken.

Sferische Aberratie

De sferische aberratie, een onscherpte veroorzaakt door de lensvorm, kan in het nano-aquarium de waarneming van diepte beïnvloeden. Door het gebruik van asferische lenzen in de verlichting kan dit effect worden geminimaliseerd en de dieptewerking worden verbeterd.

Volume Kleur

De eigen kleur van het water en de decoratieve elementen beïnvloedt de dieptewerking in het nano-aquarium. Helder, kleurloos water laat het aquarium dieper lijken, terwijl getint water de dieptewerking kan verminderen.

Diepteperceptie in Nano Aquaria

Impact van de tankdiepte op de waargenomen grootte en visuele aantrekkingskracht.

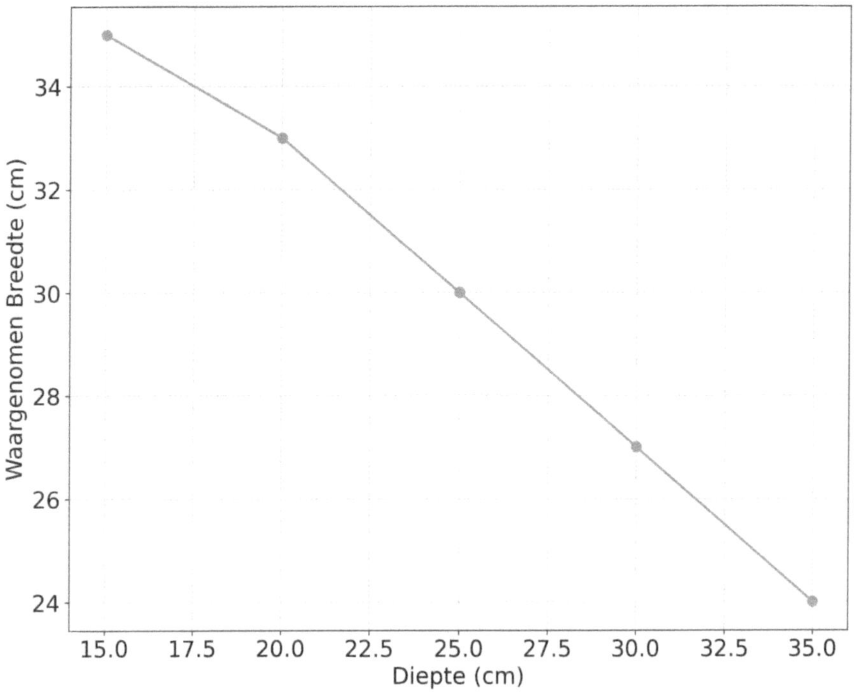

Een ondiepere tank kan ruimer en dynamischer lijken, waardoor vissen en aquascaping effectiever worden gepresenteerd. Hoewel diepere tanks meer volume bieden, kan de grotere diepte de waargenomen grootte vanuit de kijkhoek verkleinen en mogelijk details verduisteren.

Kleurgebruik

Kleurgebruik in het nano-aquarium beïnvloedt niet alleen de esthetiek, maar ook het gedrag van de bewoners van het aquarium. De keuze en combinatie van kleuren heeft invloed op de perceptie van de ruimte en de oriëntatie van de dieren. Vooral in het beperkte volume van een nano-aquarium kan de juiste kleurstelling het welzijn van de bewoners aanzienlijk bevorderen. Felgekleurde, contrasterende kleuren kunnen vissen stress bezorgen en hun natuurlijke gedrag verstoren. Omgekeerd kunnen harmonieuze kleurovergangen en natuurlijke tinten een kalmerend effect hebben en de dieren helpen zich sneller aan te passen. Het doelgericht gebruik van kleuren kan ook de optische diepte van het aquarium beïnvloeden. Donkere achtergronden en lichte voorgrondelementen versterken de indruk van ruimte, terwijl een uniforme kleur deze effect vermindert. Naast de algemene kleurenpalet van het aquarium is ook de kleur van individuele elementen relevant. De kleur van de bodem kan het uiterlijk van de vissen beïnvloeden. Een donkere bodem laat vissen met lichte kleuren helderder lijken, terwijl een lichte bodem de kleuren van de vissen eerder verzwakt. Hetzelfde geldt voor de achterwand en de decoratie-elementen. De kleurkeuze moet altijd afgestemd zijn op de behoeften van de betreffende vissoort. Sommige soorten geven de

Decoratie [i27]

Vis [i28]

voorkeur aan een natuurlijke omgeving met gedempte kleuren, terwijl andere soorten worden aangetrokken door felle kleuren. De gelijktijdige presentatie van verschillende kleuren kan het leervermogen van vissen beïnvloeden. Studies tonen aan dat vissen die tegelijkertijd aan twee verschillende kleurprikkels werden blootgesteld, later moeite hadden om deze prikkels te onderscheiden. Dit suggereert dat een overmatige verscheidenheid aan kleuren in het aquarium de oriëntatie en het herkennen van soortgenoten of voedsel kan bemoeilijken. In het nano-aquarium moet daarom gelet worden op een evenwichtige kleurstelling die tegemoetkomt aan de behoeften van de vissen zonder hen te overweldigen. Een gereduceerd kleurenpalet met harmonieuze overgangen kan helpen om stress te minimaliseren en het welzijn van de dieren te bevorderen. Bijvoorbeeld, een aquarium met een donkergroene achtergrond, een bruine bodem en enkele rode planten kan een rustige en natuurlijke sfeer creëren zonder de vissen te verwarren met te veel verschillende kleurprikkels. Het is raadzaam om de kleuren van de decoratie en de bodem op elkaar af te stemmen en sterke contrasten te vermijden om een harmonisch geheel te bereiken. Door bewuste kleurkeuze en -plaatsing kunnen in het nano-aquarium zowel esthetisch aantrekkelijke als diervriendelijke leefruimtes worden gecreëerd.

Goed om te weten

Contrast

Contrasten ontstaan door de tegenstelling van lichte en donkere kleuren, grote en kleine objecten of verschillende texturen. In het nano-aquarium kunnen doelgericht toegepaste contrasten de aandacht op bepaalde gebieden vestigen en de vormen en kleuren van de bewoners van het aquarium benadrukken. Te sterke contrasten kunnen echter ook onrust veroorzaken en de dieren stress bezorgen.

Esthetiek

De esthetiek in het nano-aquarium verwijst naar de visuele harmonie en schoonheid van de opstelling. Door zorgvuldige selectie van kleuren, vormen en materialen kan een aantrekkelijk geheel worden gecreëerd dat zowel de kijker als de bewoners van het aquarium verheugt. In de context van de optische effecten speelt de esthetiek een cruciale rol, omdat het de perceptie van het aquarium en zijn bewoners beïnvloedt.

Tinten

Natuurlijke tinten zoals bruin, groen en beige herinneren aan de kleuren van de natuur en creëren een authentieke omgeving in het nano-aquarium. Deze kleurtinten hebben een kalmerend effect op de vissen en dragen bij aan een harmonisch geheel.

Nano Aquarium Kleurenpalet

Visuele kleurverdeling in een nano-aquarium.

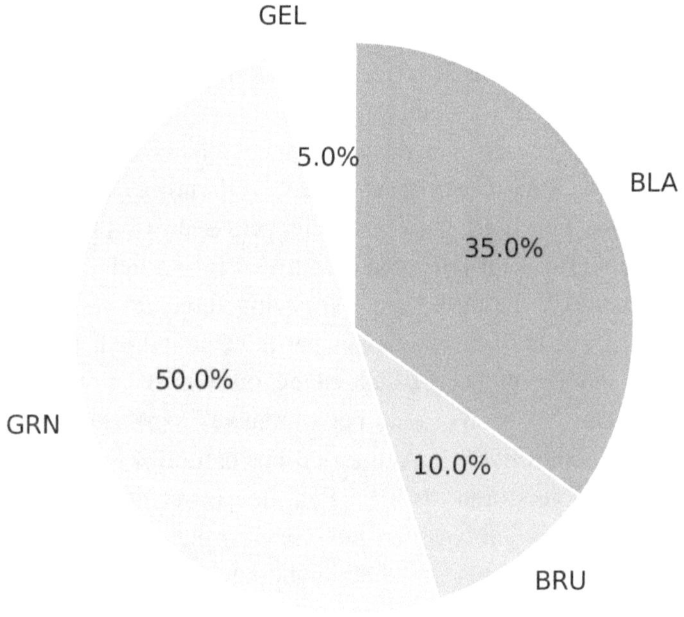

BLA: Blauw (Water)

BRU: Bruin (Hardscape)

GEL: Geel (Accenten)

GRN: Groen (Planten)

Het dominante groen suggereert een bloeiende plantenomgeving, wat een kalmerende en natuurlijke esthetiek creëert. Het blauw benadrukt het belang van open water voor de beweging van vissen en draagt bij aan het algehele gevoel van rust. Het kleinere bruine gedeelte vertegenwoordigt hardscape-elementen, die diepte en visuele interesse toevoegen aan het aquascape, terwijl het minimale geel kan duiden op accenten zoals drijfhout of specifieke plantensoorten, wat bijdraagt aan een gebalanceerd en levendig tafereel.

Lichtgeleiding

Lichtgeleiding in het nano-aquarium betekent meer dan alleen de verlichting van het aquarium. Het beïnvloedt de optische waarneming van de onderwaterleefomgeving en heeft invloed op het welzijn van de bewoners. De absorptie van licht in het water verandert de kleurwaarneming. Blauw licht dringt dieper door dan rood licht, dat al in de bovenste waterlagen wordt geabsorbeerd [s40]. Dit effect kunt u benutten door de kleurtemperatuur van de verlichting aan te passen aan de behoeften van uw aquariumbewoners en planten. Zo kan bijvoorbeeld een verlichting met een hoger blauwpercentage voordelig zijn voor diepzeevissen of planten met een hoge lichtbehoefte, terwijl een warmwitte verlichting met een roodpercentage een natuurlijkere omgeving creëert voor vissen uit ondiepere wateren. De intensiteit van het licht beïnvloedt niet alleen de plantengroei, maar ook het gedrag en de ontwikkeling van de vissen. Te veel licht, vooral in het blauwe spectrum, kan de melatonineproductie onderdrukken en zo het natuurlijke dag-nacht ritme van de dieren verstoren [s40]. Een te lage lichtintensiteit kan daarentegen de groei van planten belemmeren en de kleurenpracht van de vissen verminderen. In het nano-aquarium is daarom een zorgvuldige afstemming van lichtintensiteit, -spectrum en verlichtingsduur essentieel. Het gebruik van dimbare LED-verlichting maakt een flexibele aanpassing van de lichtomstandigheden aan de specifieke behoeften van de aquariumbewoners mogelijk en biedt de mogelijkheid om natuurlijke lichtcycli te simuleren. Door de lichtintensiteit gedurende de dag te variëren, kunt u bijvoorbeeld zonsopgang en -ondergang simuleren en zo de natuurlijke leefomgeving van de dieren nabootsen. Naast de intensiteit en het spectrum speelt ook de richting van het licht een belangrijke rol in de optische vormgeving van het nano-aquarium. Verlichting van bovenaf creëert een natuurlijke lichtinval en benadrukt de kleuren van de vissen en planten. Zijverlichting kan de contouren van de decoratie accentueren en interessante schaduwspelen creëren. Door verschillende lichtbronnen en -richtingen te combineren, kunnen diverse optische effecten worden bereikt. Zo kan bijvoorbeeld een combinatie van boven- en zijverlichting de dieptewerking van het aquarium versterken en de driedimensionale structuur van de inrichting benadrukken. Een gerichte verlichting van afzonderlijke decoratie-elementen, zoals een grot of een rots, kan deze optisch accentueren en als blikvanger in het aquarium dienen. De keuze van de lichtbronnen beïnvloedt de kleurweergave en het algehele uiterlijk van het aquarium. LED-verlichting biedt een hoge energie-efficiëntie en een lange levensduur. Ze maken ook een nauwkeurige regeling van lichtintensiteit en -spectrum mogelijk. Verschillende LED-kleuren kunnen worden gecombineerd om het gewenste lichtspectrum te creëren. Let bij de keuze van de lichtbronnen op de kleurweergave-index (CRI), die de kwaliteit van de kleurweergave aangeeft. Een hoge CRI zorgt voor natuurlijke en levendige kleuren in het aquarium. Lichtgeleiding in het nano-aquarium is een complex onderwerp dat veel factoren in overweging neemt. Door gerichte controle van lichtintensiteit, -spectrum, -richting en keuze van lichtbronnen kunnen indrukwekkende optische effecten worden bereikt en tegelijkertijd een diervriendelijke leefomgeving voor de aquariumbewoners worden gecreëerd. Het in acht nemen van de specifieke behoeften van de dieren en planten is daarbij cruciaal voor een succesvol en esthetisch aantrekkelijk nano-aquarium. Houd er rekening mee dat de lichtomstandigheden in het aquarium ook de watertemperatuur kunnen beïnvloeden [s40]. Te sterke verlichting kan leiden tot ongewenste verwarming van het water. Zorg daarom voor voldoende ventilatie en eventueel voor het gebruik van koeling. Regelmatige controle van de watertemperatuur is essentieel om het welzijn van de aquariumbewoners te waarborgen.

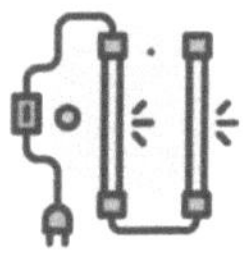

Kleurtemperatuur [i29]

Goed om te weten

Absorptie

Absorptie van licht beïnvloedt de kleurwaarneming in het aquarium. Verschillende kleuren worden in verschillende mate geabsorbeerd, wat de inrichting van het aquarium beïnvloedt.

Kleurweergave-index (CRI)

De kleurweergave-index geeft aan hoe natuurgetrouw de kleuren van de vissen, planten en decoratie in het aquarium worden weergegeven. Een hogere waarde betekent een betere kleurweergave.

Kleurtemperatuur

De kleurtemperatuur van het licht beïnvloedt het uiterlijk van het aquarium en de groei van de planten. Verschillende kleurtemperaturen komen overeen met verschillende natuurlijke leefomgevingen.

LED-verlichting

LED-verlichting is energiezuinig en biedt een grote verscheidenheid aan kleurtemperaturen en spectrums voor de optimale verlichting in het nano-aquarium.

Melatonine

Melatonine regelt het slaap-waakritme van de vissen. Te veel blauw licht kan de melatonineproductie verstoren.

Spectrum

Het lichtspectrum beïnvloedt de plantengroei en de kleurwaarneming van de vissen en planten. Een uitgebalanceerd spectrum is belangrijk voor een gezond aquarium.

Nano Aquarium Verlichtingsoptimalisatie

Impact van lichtintensiteit en -verspreiding op waargenomen visuele effecten in nano aquaria.

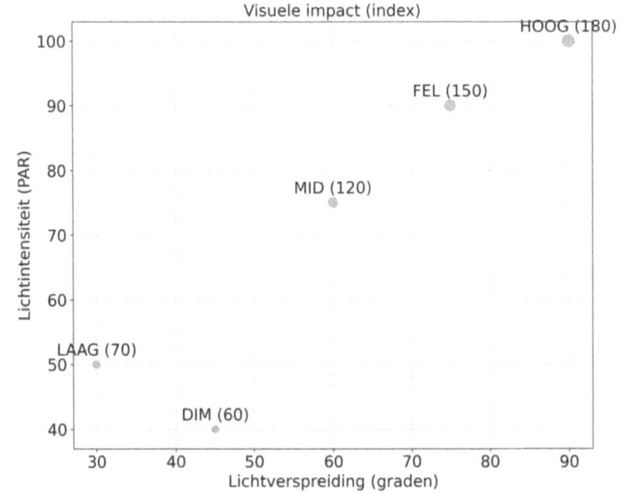

Blasengröße: Visuele impact (index)

DIM: Gedimd licht, gemiddelde verspreiding

FEL: Fel licht, gefocusseerde verspreiding

HOOG: Sterk licht, brede verspreiding

LAAG: Zwak licht, smalle verspreiding

MID: Middelmatig licht, middelmatige verspreiding

Lampen met hoge intensiteit en brede verspreidingshoeken creëren levendige, helder verlichte aquascapes, ideaal om kleurrijke vissen en koralen te accentueren. Omgekeerd produceren lampen met een lagere intensiteit en smalle verspreiding dramatische schaduweffecten, die de diepte benadrukken en een sfeerrijke omgeving creëren. Intensiteiten en verspreidingen in het middensegment bieden een balans tussen de twee uitersten, waardoor aanpassing mogelijk is op basis van de gewenste esthetiek.

Concrete adviezen

- Experimenteer met gebogen glas als voorruit van uw nano-aquarium om de onderwaterwereld als door een vergrootglas te presenteren en het diepte-effect te versterken.
- Gebruik opzettelijk melkglas-elementen om delen van het aquarium te verdoezelen en zo de indruk van diepte en mysterie te creëren.
- Maak gebruik van de lichtbreking van water door decoratie-elementen gedeeltelijk boven het wateroppervlak te laten uitsteken en zo fascinerende optische effecten te creëren.
- Integreer kleine, beweeglijke elementen zoals een licht mobiel of een pendel in het aquarium om de aandacht te trekken en de statiek van de inrichting te verlichten.
- Speel met optische illusies: creëer een kunstmatige perspectief door in de achtergrond kleiner wordende decoratie-elementen te gebruiken.
- Gebruik gekleurde folies achter de achterwand om de sfeer in het aquarium te veranderen en de kleuren van de vissen en planten te intensiveren.
- Projecteer bewegende patronen of beelden op de achterwand van het aquarium om een dynamische en afwisselende achtergrond te creëren.
- Bouw een klein periscoop in de afdekking om het aquarium vanuit een ongebruikelijke perspectief te kunnen bekijken.
- Gebruik gepolariseerd licht om ongewenste reflecties op het aquariumbord te minimaliseren en de kleuren van de onderwaterwereld helderder te laten lijken.
- Experimenteer met fluorescerende kleuren en materialen om in het donker gloeiende accenten te creëren en een mystieke sfeer te genereren.

Terugblik - 3. Vormgeving en Design

De inrichting van uw nano-aquarium is meer dan alleen decoratie – het vormt de basis voor een functioneel ecosysteem en het welzijn van uw aquariumbewoners. Vanaf de eerste stap moet u de behoeften van uw toekomstige bewoners centraal stellen. Denk na over welk biotoop u wilt nabootsen – een weelderig Amazone-jungle, een minimalistisch Iwagumi-aquascape of een natuurgetrouwe zwartwaterbiotoop? Elke variant vereist een specifieke keuze van bodemsubstraat, hardscape-elementen zoals stenen en wortels, evenals planten en natuurlijk de juiste bezetting. Onderzoek grondig de natuurlijke leefomgevingen van uw gewenste bewoners en stem uw inrichting af op hun omstandigheden. Houd er rekening mee dat zelfs op kleine schaal van een nano-aquarium de waterchemie een cruciale rol speelt. De keuze van het bodemsubstraat en de decoratieve elementen kan de waterwaarden beïnvloeden.

De ruimtelijke inrichting van uw nano-aquarium moet verschillende zones in overweging nemen. Creëer open zwemruimtes voor uw vissen, maar ook schuilplaatsen en verstopmogelijkheden, die vooral belangrijk zijn voor schuwe of lagere rangdieren. Dichte plantengroei, holen of overhangende wortels bieden bescherming en verminderen stress. Let bij het plaatsen van de decoratieve elementen op een evenwichtige balans tussen structuur en open ruimte. Een te dicht ingericht aquarium kan de bewegingsvrijheid van de vissen beperken en het onderhoud bemoeilijken. Plan vanaf het begin gebieden in die u toegang geven voor schoonmaakwerkzaamheden en waterwissels. Denk ook aan het verwijderen van slib dat zich op de bodem afzet.

De dieptewerking in het nano-aquarium kan worden versterkt door verschillende technieken. Werk met verschillende hoogtes en niveaus, plaats grotere elementen op de achtergrond en kleinere op de voorgrond. Ook de kleurstelling speelt een belangrijke rol: donkere kleuren op de achtergrond en lichte kleuren op de voorgrond creëren de indruk van diepte. Gebruik de lichtinval om de ruimtelijke inrichting te benadrukken. Gerichte verlichting van individuele elementen kan deze accentueren en als blikvanger dienen. Let echter ook op een evenwichtige verhouding van licht en schaduw om algengroei te voorkomen en het natuurlijke dag-nacht ritme van uw aquariumbewoners te ondersteunen. De kleurtemperatuur van de verlichting moet worden afgestemd op de behoeften van uw planten en vissen.

De uitdagingen bij het inrichten van een nano-aquarium liggen vooral in de beperkte ruimte. Elk element moet zorgvuldig worden gekozen en geplaatst om een harmonisch geheel te creëren, zonder het aquarium te overbelasten. Experimenteer met verschillende materialen en indelingen, laat u inspireren en schroom niet om uw inrichting in de loop van de tijd aan te passen. Het observeren van uw aquariumbewoners geeft u waardevolle aanwijzingen of zij zich in hun omgeving prettig voelen. Een goed ingericht nano-aquarium is een fascinerend biotoop in miniatuurformaat, dat u en uw aquariumbewoners lange tijd plezier zal brengen. Met een beetje geduld en creativiteit kunt u een kleine onderwaterwereld creëren die een echte blikvanger in uw huis is.

4. Verzorging en Onderhoud

Wist u dat een nano-aquarium, ondanks zijn compacte formaat, bijzondere aandacht nodig heeft? De kleine waterwerelden reageren veel gevoeliger op veranderingen dan grote aquaria en vergeven geen nalatige verzorging. Een doordacht onderhoudsplan creëert de balans tussen noodzakelijke inspanning en ontspannen plezier in de hobby. Regelmatige controles en gerichte maatregelen waarborgen het welzijn van de bewoners en de stabiliteit van het miniatuur-ecosysteem. In dit hoofdstuk leert u hoe u uw nano-aquarium met minimale tijdsinvestering optimaal kunt onderhouden.

4. 1 Dagelijkse Routines

Dagelijkse routines vormen de basis voor een succesvol nano-aquarium. Voedingsbeheer, controle van het waterniveau en visuele inspectie waarborgen de gezondheid van de organismen en een stabiel ecosysteem. Maar verkeerde dosering, onvoldoende observatie of verwaarloosde verzorging kunnen snel leiden tot problemen en het kwetsbare evenwicht verstoren. Juist in kleine aquaria van 12-35 liter reageren de bewoners gevoelig op veranderingen. De juiste verzorging vereist daarom een nauwkeurige aanpak en begrip van de complexe samenhangen in het mini-biotop. Ontdek in dit hoofdstuk hoe u door eenvoudige, maar effectieve dagelijkse routines een gezond en bloeiend nano-aquarium kunt creëren en behouden.

Regelmatige, korte observatiemomenten, idealiter geïntegreerd in dagelijkse routines zoals het voeden, zijn de sleutel tot vroege probleemdetectie en de langdurige gezondheid van het nano-aquarium.

Voederbeheer

Het voederbeheer in nano-aquaria vereist een gevoelige aanpak om de gezondheid van de organismen te waarborgen en de waterkwaliteit stabiel te houden. De hoeveelheid voer moet nauwkeurig worden afgestemd op de bezetting. Jonge vissen hebben ongeveer 4-5% van hun lichaamsgewicht aan voer nodig, terwijl volwassen dieren met 2% of minder kunnen volstaan [s41]. Overvoeding leidt tot voederresten die het water belasten en zo ziekten bevorderen [s41]. Even problematisch is een te hoge nitraatconcentratie in het water, die door overtollig voer kan ontstaan en de voortplanting van de vissen kan beïnvloeden [s42]. Een praktische richtlijn is om alleen zoveel voer aan te bieden als de vissen binnen 10 minuten kunnen consumeren [s42]. Om de voederopname te optimaliseren, kunnen tijdens het voeren gedurende ongeveer 10 minuten de pompen worden uitgeschakeld [s42]. De watertemperatuur beïnvloedt de voedselopname van de vissen: gematigde temperatuurstijgingen bevorderen deze, terwijl extreme temperaturen deze remmen [s43]. Ook het type voer speelt een rol. Een uitgebalanceerd dieet met voldoende eiwitten is essentieel voor een gezonde groei [s41]. Bij het voeren van levend voer, zoals zoutwaterkreeftjes, moet ervoor worden gezorgd dat ze vooraf worden ontdaan van overtollig zout, omdat dit schadelijk kan zijn voor veel vissoorten [s42]. De frequentie van het voeren beïnvloedt ook de groei en de voederverwerking. Frequentere, kleinere porties kunnen agressief gedrag verminderen en de groei bevorderen [s41]. Zo kan een tweemaal daagse voeding, 's ochtends na het opstaan en 's avonds voor het slapengaan, een praktische routine zijn [s44]. Regelmatige observatie van de vissen tijdens het eten geeft inzicht in hun gezondheidstoestand en helpt om de hoeveelheid voer optimaal aan te passen [s45] [s41]. Door de combinatie van droog- en levend voer wordt een gevarieerd dieet gegarandeerd [s45].

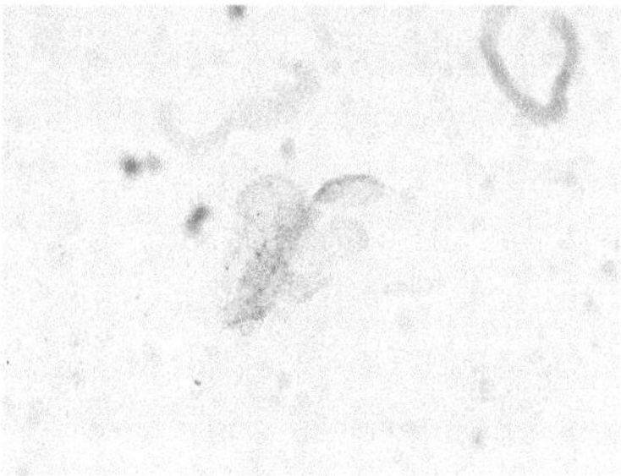

Artemia [i30]

Goed om te weten

Nitraatconcentratie

De hoeveelheid nitraat in het water die ontstaat door de afbraak van organische stoffen. Te hoge nitraatwaarden kunnen de algengroei bevorderen en de gezondheid van de vissen beïnvloeden. Regelmatige waterwisselingen helpen om de nitraatconcentratie in het nano-aquarium laag te houden.

Voederbeheer

Bevat de planning en uitvoering van de dagelijkse voeding in het nano-aquarium, rekening houdend met de hoeveelheid, soort en frequentie van het voer, om een optimale voedingsvoorziening van de aquariumbewoners te waarborgen en tegelijkertijd de waterkwaliteit te behouden.

Zoutwaterkreeftjes

Kleine kreeftachtigen die vaak als levend voer in het nano-aquarium worden gebruikt. Ze zijn rijk aan eiwitten en andere voedingsstoffen en dragen bij aan een gevarieerd dieet. Voor het voeren moeten ze grondig worden afgespoeld om overtollig zout te verwijderen.

Nano Rif Voerschema

Geïdealiseerde voederhoeveelheden gedurende de dag voor een nano-rif aquarium.

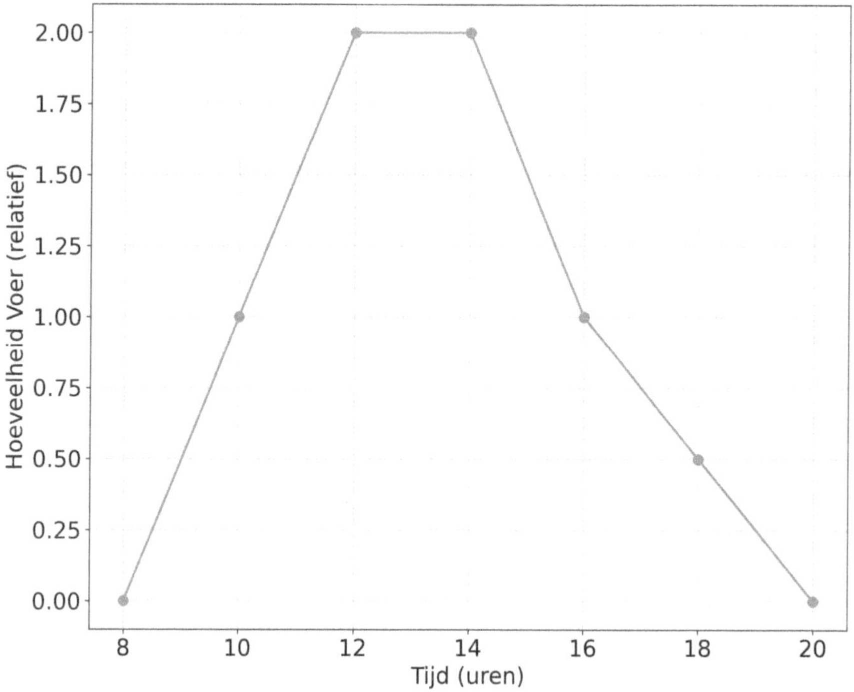

De grafiek illustreert een aanbevolen voerschema met kleine, frequente voedingen geconcentreerd tijdens piekuren met licht. Dit bootst natuurlijke graaspatronen na en zorgt voor optimale opname van voedingsstoffen door koralen en andere ongewervelde dieren, terwijl afval en opbouw van voedingsstoffen worden geminimaliseerd.

Waterstandcontrole

De dagelijkse observatie van het waterniveau in het nano-aquarium is essentieel voor een goed functionerend ecosysteem. Schommelingen kunnen wijzen op verdamping, vooral in warme ruimtes of bij sterke verlichting. Regelmatig aanvullen met osmosewater of gedestilleerd water – kraanwater is vanwege de aanwezige mineralen ongeschikt – compenseert het verlies en houdt het watervolume constant [s46]. Zorg ervoor dat u het vers water langzaam en voorzichtig toevoegt, om de bewoners van het aquarium niet te stressen of het bodemsubstraat op te woelen. Bijvoorbeeld, het water kan via een kleine slang of een schep direct naar een decoratie of de achterwand worden geleid. Naast verdamping kan ook het onttrekken van water tijdens de reiniging leiden tot niveauverschillen. Een siphon vergemakkelijkt de waterverversing en verwijdert tegelijkertijd slib en andere afzettingen van de bodem [s46]. Daarbij moet altijd slechts een deel van het water worden vervangen, om de gevestigde bacteriecultuur niet te veel te verstoren. De controle van het waterniveau is nauw verbonden met het toezicht op de waterkwaliteit. Een stabiele pH-waarde minimaliseert gedragsveranderingen bij de dieren, terwijl ammoniakwaarden onder 0,25 ppm moeten worden gehouden om schadelijke effecten te vermijden [s47]. Een continue watercirculatie en meervoudige filtratie ondersteunen de afbraak van verontreinigingen. Automatische doseringssystemen helpen om de pH-waarde en saliniteit constant te houden door indien nodig chemicaliën toe te voegen [s47]. Dit vermindert de handmatige inspanning en draagt bij aan de stabiliteit van het aquariummilieu.

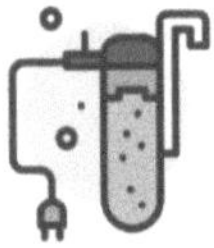

Zoutgehalte [i31]

Goed om te weten

Automatische doseringssystemen

Apparaten die automatisch de juiste hoeveelheid chemicaliën, zoals pH-stabilisatoren of mineralen, in het aquarium toevoegen. Ze helpen om de waterwaarden constant te houden.

gedestilleerd water

Water dat door verdamping en vervolgens condenseren is gereinigd. Net als osmosewater is het vrij van mineralen en verontreinigingen en is het daarom goed geschikt om waterverlies te compenseren.

kraanwater

Het water uit de kraan bevat vaak mineralen en andere stoffen die het gevoelige evenwicht in het nano-aquarium kunnen verstoren. Daarom is het voor regelmatig gebruik ongeschikt.

osmosewater

Puur water dat door een speciaal proces van verontreinigingen en mineralen is ontdaan. Ideaal voor het aanvullen van verdampt water in het nano-aquarium, omdat het het evenwicht van de waterwaarden niet verstoort.

saliniteit

De zoutconcentratie in het water, vooral belangrijk in zeeaquaria. Een constante saliniteit is essentieel voor het overleven van zeedieren.

Verdampingssnelheden in Nano Aquaria

Dagelijks waterverlies in verschillende opstellingen

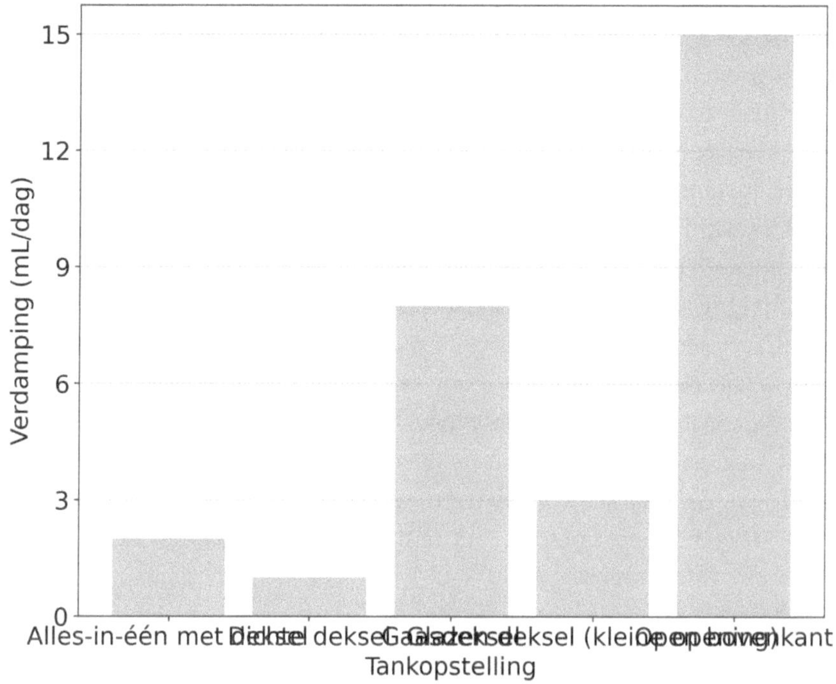

Ai1D: Alles-in-één met deksel

DD: Dichte deksel

GaasD: Gaasdeksel

GDko: Glazen deksel (kleine opening)

OB: Open bovenkant

Open tanks ervaren aanzienlijk hogere verdamping in vergelijking met gesloten of gedeeltelijk afgedekte opstellingen. De gegevens benadrukken het belang van het overwegen van tankontwerp en afdekstrategieën om stabiele waterparameters in nano-aquaria te handhaven. Regelmatig bijvullen is cruciaal, vooral voor open systemen, om schommelingen in het zoutgehalte en stress voor de bewoners te voorkomen.

Visuele controle

De onbelemmerde zicht in het nano-aquarium is essentieel voor het observeren van de bewoners en het beoordelen van de algehele toestand. Troebelheid kan verschillende oorzaken hebben, zoals algengroei of een verhoogde bacterieconcentratie, wat wijst op een belasting van het water. [s48] Een regelmatige blik door de aquariumborden maakt het mogelijk om dergelijke veranderingen vroegtijdig te herkennen en tegenmaatregelen te nemen. Een lichte groenachtige troebelheid kan bijvoorbeeld wijzen op een beginnende algengroei, die kan worden gecontroleerd door de belichtingstijd aan te passen of door het inzetten van algeneters. Ook de ruiten van het aquarium zelf kunnen door algengroei of kalkafzettingen het zicht belemmeren. Regelmatige reiniging met een geschikte schraper of spons, zoals een aquariumspons zonder reinigingsmiddelresten, zorgt voor helder zicht en vergemakkelijkt de observatie van het aquariumleven. De controle van de filtersysteem maakt ook deel uit van de visuele controle. [s48] Een verstopte filter kan de watercirculatie verminderen en zo leiden tot troebelheid van het water. Regelmatige controle en reiniging van het filter behoudt niet alleen de waterkwaliteit, maar waarborgt ook een optimale zicht. Naast de helderheid van het water is ook het gedrag van de aquariumbewoners een belangrijke indicator voor hun welzijn. Door het vrije zicht in het aquarium kunnen gedragsveranderingen, zoals apathie of ongebruikelijke zwempatronen, gemakkelijker worden opgemerkt. Deze observaties, in combinatie met de dagelijkse voeding op een vast tijdstip, kunnen inzicht geven in de gezondheidstoestand van de dieren en maken vroegtijdig ingrijpen mogelijk. [s49] Een regelmatige blik in het aquarium, bijvoorbeeld tijdens de ochtend- en avondvoedingsroutine, integreert de visuele controle naadloos in de dagelijkse verzorging en draagt zo bij aan de gezondheid van het gehele oekosystems. De combinatie van helder zicht en voorspelbare voeder tijden maakt niet alleen optimale

dierenobservatie mogelijk, maar bevordert ook het welzijn van de aquariumbewoners door het creëren van een stabiele en voorspelbare omgeving. [s49] Door deze observaties in de dagelijkse routine te integreren, wordt de aquariumverzorging efficiënter en wordt de kans op problemen geminimaliseerd.

Aquariumspons [i32]

Goed om te weten

Bacterieconcentratie

Een hoge bacterieconcentratie in het nano-aquarium kan leiden tot troebelheid en geurproblemen. Het kan ontstaan door voederesten, dode planten of onvoldoende filtratie.

Kalkafzettingen

Kalkafzettingen op de ruiten van het nano-aquarium ontstaan door hard water en kunnen het zicht belemmeren. Ze kunnen worden verwijderd met een schraper of speciale reinigingsmiddelen.

Dagelijkse Nano Aquarium Controle

Verdeling van dagelijkse onderhoudstaken voor nano aquaria.

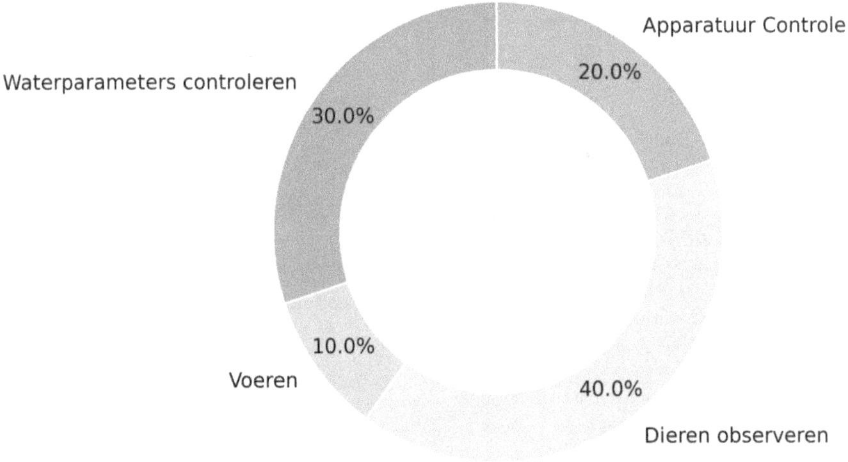

ACO: Apparatuur Controle (Filter, Lampen, Verwarming)

DOB: Dieren observeren (Gezondheid/Gedrag)

VOE: Voeren

WPC: Waterparameters controleren (Visueel/Test)

Het grootste deel van het dagelijkse onderhoud is gericht op het observeren van de gezondheid en het gedrag van de dieren. Regelmatige controles van de waterparameters zijn cruciaal en geven de algehele stabiliteit van het aquarium aan. Apparatuurcontroles zorgen voor een goede werking en voorkomen mogelijke problemen. Hoewel minder frequent dan andere taken, blijft voeren essentieel voor het welzijn van de dieren. Deze verdeling benadrukt het belang van proactieve observatie en consistente monitoring voor het behoud van een bloeiende nano aquariumomgeving.

Concrete adviezen

- Stel een vaste weekdag in waarop u het filter van uw nano-aquarium reinigt.
- Ontwikkel een rotatiesysteem voor uw decoratieve elementen om het aquarium regelmatig een nieuwe uitstraling te geven en verveling bij de bewoners te voorkomen.
- Houd een klein notitieboekje of een digitale tabel bij om de dagelijkse observaties van uw aquariumbewoners, voederhoeveelheden en waterwaarden te documenteren.
- Gebruik de voederperiode om de planten op dode bladeren te controleren en deze te verwijderen.
- Controleer tijdens het waterverversen de staat van de slangen en afdichtingen en vervang deze indien nodig.
- Varieer de voeder tijden minimaal om de vissen afwisseling te bieden en hun natuurlijke jachtgedrag te stimuleren.
- Plaats een kleine loep naast het aquarium om de vissen en andere kleine wezens beter te kunnen observeren.
- Creëer een kleine bibliotheek met determinatieboeken voor aquariumplanten en -dieren om uw kennis voortdurend uit te breiden.
- Reserveer dagelijks vijf minuten om rustig naar uw nano-aquarium te kijken en te genieten van de schoonheid van het kleine ecosysteem.
- Integreer de verzorging van het nano-aquarium in uw ochtend- of avondroutine om de regelmatige onderhoud te waarborgen en de inspanning laag te houden.
- Beloon uzelf na het verzorgen van het aquarium met een kopje thee of koffie en het uitzicht op uw verzorgde nano-aquarium.
- Gebruik de tijd van de aquariumverzorging om uw gedachten te ordenen en even van de dagelijkse sleur af te schakelen.

4. 2 Wekelijkse Taken

Wekelijkse taken waarborgen de stabiliteit en gezondheid van uw nano-aquarium. Waterverversing, filterreiniging en plantenverzorging voorkomen problemen door ophoping van verontreinigingen, schommelende waterparameters en algengroei. Deze routines beïnvloeden de nutriëntenkringlopen, bacterieculturen en het welzijn van de bewoners van het aquarium aanzienlijk. De juiste uitvoering van elke taak is cruciaal voor een bloeiend mini-ecosysteem. Verschillende filtertypes en plantensoorten vereisen specifieke benaderingen die moeten worden afgestemd op de individuele omstandigheden in het aquarium. Bezettingsdichtheid, voedingsgewoonten en het gebruikte substraat spelen hierbij een belangrijke rol. Ontdek in dit hoofdstuk hoe u de wekelijkse taken effectief kunt uitvoeren en zo een gezond en aantrekkelijk nano-aquarium kunt waarborgen.

> *Regelmatige gedeeltelijke waterverversingen, gecombineerd met filter- en plantenonderhoud, vormen de basis voor een stabiel en gezond nano-aquarium.*

Waterverversing

Waterverversingen zijn essentieel voor een stabiel en gezond oekosystem in het nano-aquarium. Ze dienen om schadelijke stoffen weg te spoelen en belangrijke mineralen aan te voeren. Wekelijkse waterverversingen helpen om de waterkwaliteit constant te houden en voorkomen problemen die kunnen ontstaan door fluctuerende parameters. [s50] Een 10-liter nano-aquarium profiteert van een wekelijkse waterverversing van 20-30%, dus 2-3 liter. Hierbij wordt oud aquariumwater afgevoerd en vervangen door vers, op temperatuur gebracht en adequaat behandeld water. De hoeveelheid en frequentie van de waterverversing hangt af van verschillende factoren, waaronder bezettingsdichtheid, voedingsgewoonten en de efficiëntie van de filtratie. Voor elke waterverversing is het raadzaam om de waterparameters te meten. [s50] Zo kunt u de actuele waarden van bijvoorbeeld nitraat, nitriet, phwert en GH (totaalhardheid) vastleggen en de ontwikkeling in het aquarium volgen. Aan de hand van de meetwaarden kan het succes van de waterverversingsstrategie worden beoordeeld en indien nodig worden aangepast. Een verhoogde nitraatwaarde kan wijzen op een onvoldoende waterverversing of overvoeding en vereist een aanpassing van de routine. Ook het gebruikte substraat kan de waterchemie beïnvloeden. [s50] Bepaalde bodems kunnen de waterhardheid beïnvloeden of fostaten binden, wat bij de keuze van de hoeveelheid waterverversing en de behandeling van het vervangingswater in overweging moet worden genomen. De zorgvuldige uitvoering van de waterverversing is cruciaal. Bij het afzuigen van het oude water biedt zich de gelegenheid om de bodem van slib en dode plantendelen te ontdoen. Dit voorkomt de overmatige ophoping van organisch materiaal, wat kan leiden tot een belasting van het ecosysteem en ongewenste algengroei. Het verse water moet langzaam en voorzichtig in het aquarium worden gegoten om de bewoners niet te stressen en de waterchemie niet abrupt te veranderen.

Het gebruik van een slibzuiger vergemakkelijkt het afzuigen van het water en het reinigen van de bodem. Door de combinatie van waterverversing en gelijktijdige reiniging van de bodem wordt de ophoping van ammoniak en nitraat, beide afvalproducten van de aquariumbewoners, effectief gecontroleerd. [s50] De regelmatige controle en aanpassing van de waterverversingsroutine, gebaseerd op de gemeten waterparameters en de observatie van het aquarium, is de sleutel tot een bloeiend nano-aquarium.

Aanbevolen wekelijkse waterverversing voor Nano Aquaria (12-35L)

Ideale wekelijkse waterverversingsverdeling voor nano-aquaria.

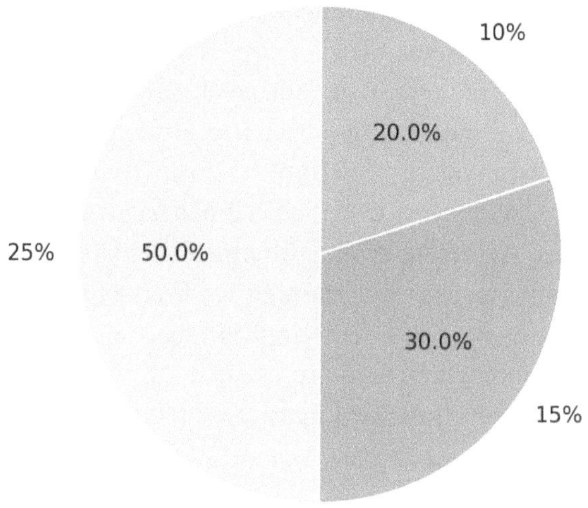

- 10%: 10% Waterverversing
- 15%: 15% Waterverversing
- 25%: 25% Waterverversing

Een wekelijkse waterverversing van 10-25% wordt over het algemeen aanbevolen voor nano-aquaria om een optimale waterkwaliteit te behouden. Terwijl 10% een minimale benadering biedt, biedt een verhoging tot 15% een veiligere marge voor fouten, vooral voor beginners. Een verandering van 25% biedt meer significante voordelen in nutriëntencontrole en stabiliteit, maar vereist een nauwlettendere controle van de parameters. Grotere veranderingen (25%+) worden over het algemeen niet wekelijks aanbevolen, omdat ze het delicate ecosysteem van een nano-aquarium kunnen destabiliseren.

Filterreiniging

Het reinigen van het filter is net zo belangrijk voor een gezond nano-aquarium als de regelmatige waterverversing. Een schoon filter zorgt voor helder water en ondersteunt de biologische filtratie, die schadelijke stoffen zoals ammoniak en nitriet afbreekt. [s51] Verschillende filtertypes vereisen verschillende reinigingsintervallen en -methoden. Terwijl sponsfilters wekelijks onder stromend water, bij voorkeur met stilstaand aquariumwater, gereinigd moeten worden om de nuttige bacterieculturen niet volledig te vernietigen, hebben andere filtertypes, zoals buitenfilters, minder frequente reiniging nodig, ongeveer elke 2-3 maanden. Bij buitenfilters worden doorgaans de afzonderlijke filtermedia, zoals filtersponzen of keramische buisjes, gefaseerd gereinigd of vervangen. Zo blijft de bacteriecultuur ondanks de reiniging grotendeels behouden. Een verstopt filter vermindert de filterprestaties en kan leiden tot een verslechtering van de waterkwaliteit. De reinigingsintensiteit moet worden aangepast aan de individuele omstandigheden in het aquarium. Een sterk bezet aquarium met veel vissen heeft bijvoorbeeld frequentere filterreinigingen nodig dan een zwak bezet aquarium met voornamelijk planten. Observeer de waterdoorstroming van het filter – een afnemende prestatie duidt op een reinigingsbehoefte.

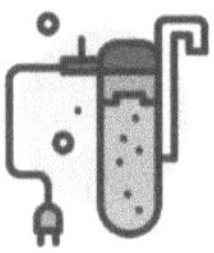

Sponsfilter [i33]

Nano Aquarium Filtermedia Reinigingsschema

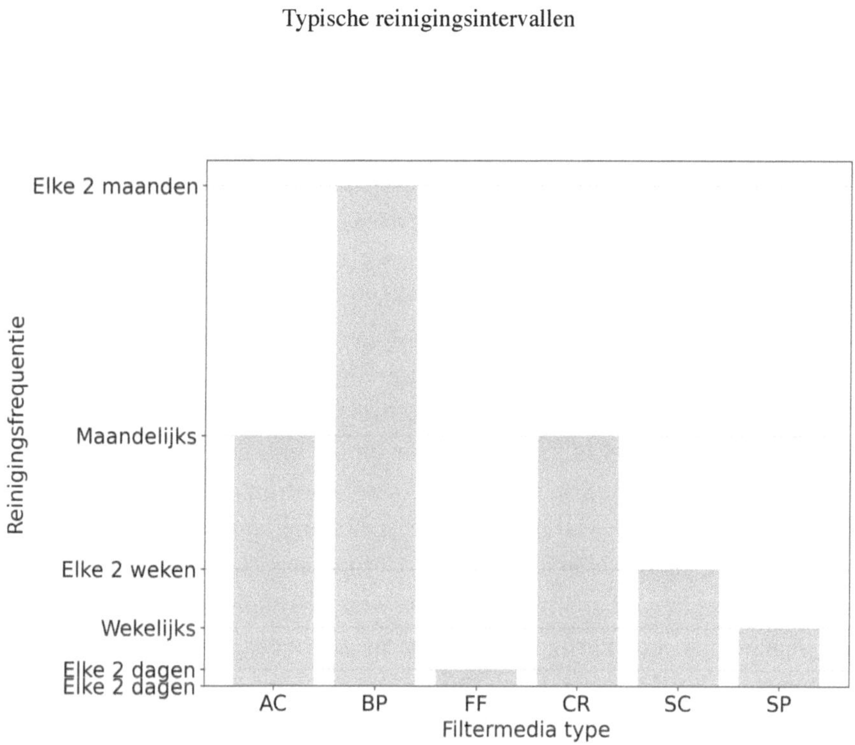

AC: Actieve kool (vervangen)

BP: Bio-ballen/pellets

CR: Keramische ringen

FF: Filterwatten

SC: Spons (grof)

SP: Spons (fijn)

Deze grafiek toont een aanbevolen reinigingsschema voor verschillende filtermediatypen in een nano-aquarium. Voor fijnere media zoals filterwatten wordt vaker reinigen aanbevolen vanwege snellere verstopping. Minder frequent reinigen is acceptabel voor grovere media en biologische filtratie, waardoor nuttige bacteriekolonies zich kunnen vestigen en ontwikkelen. Het aanpassen van het schema op basis van individuele tankomstandigheden, zoals bioload en waterparameters, is cruciaal voor een optimale aquariumgezondheid.

Plantenverzorging

De verzorging van waterplanten draagt aanzienlijk bij aan de stabiliteit en esthetiek van elk nano-aquarium. Gezonde planten verbruiken voedingsstoffen zoals nitraten en phosphate, die anders algengroei zouden kunnen bevorderen. Ze produceren zuurstof en bieden schuilplaatsen voor de bewoners van het aquarium. Een regelmatige snoei bevordert krachtige groei en voorkomt dat snelgroeiende soorten andere planten of het vrije zicht op het aquarium blokkeren. Dode of stervende bladeren moeten onmiddellijk worden verwijderd om de waterkwaliteit niet te belasten. Sommige soorten hebben extra voedingsstoffen nodig via een vloeibare bemesting of speciale bodems. De keuze van de planten moet worden aangepast aan de lichtomstandigheden en de grootte van het aquarium. Kleinblijvende voorgrondplanten zoals dwergnaaldgras (Eleocharis parvula) zijn goed geschikt voor de inrichting van de bodem, terwijl hogere stengelplanten achterin kunnen worden geplaatst. Bemestingsbollen, die direct bij de wortels worden geplaatst, voorzien de planten van belangrijke voedingsstoffen zonder het water overmatig te belasten. Let bij het kiezen van de meststof op de behoeften van uw planten en vermijd overbemesting, wat kan leiden tot algproblemen. De juiste belichtingsduur en -intensiteit zijn ook cruciaal voor de plantengroei. Te weinig licht leidt tot zwakke groei, terwijl te veel licht algengroei kan bevorderen. Een timer helpt om de belichtingstijden constant te houden en het natuurlijke dag-nacht ritme te simuleren. Observeer uw planten regelmatig op veranderingen in uiterlijk en groei. Verkleuring van bladeren of een vertraagde groei kan wijzen op voedingsstoffentekorten of andere problemen. Een regelmatige controle van de wasserparameter, met name het nitraat- en fosfaatgehalte, helpt om de voedingsstoffenvoorziening van de planten te optimaliseren en algengroei te voorkomen. Door gerichte maatregelen zoals een wekelijkse waterverversing van ongeveer 30% en het gebruik van geschikte meststoffen kunt u de groei van uw aquariumplanten bevorderen en een gezond en aantrekkelijk nano-aquarium creëren. De vermeerdering van veel aquariumplanten gebeurt via stekken of zijtakken. Deze kunnen voorzichtig worden afgesneden en opnieuw worden geplant. Zo kan de plantenpopulatie in het aquarium worden uitgebreid zonder nieuwe planten te hoeven kopen. Let bij het planten op dat u de wortels niet beschadigt en de planten voldoende ruimte geeft om te groeien. Sommige soorten, zoals Vallisneria, vormen auslaeufer, waarmee ze zich snel in het aquarium kunnen verspreiden. Deze uitlopers kunnen ook worden afgesneden en opnieuw worden geplant. Bij het inrichten van het aquarium met planten kunnen verschillende soorten worden gecombineerd om een gevarieerd en natuurlijk onderwaterlandschap te creëren. Houd rekening met de verschillende groeisnelheden en maten van de planten om een harmonisch geheel te bereiken. Een goed beplant nano-aquarium biedt niet alleen een mooi uitzicht, maar draagt ook bij aan het welzijn van de bewoners van het aquarium en creëert een stabiel ecosysteem.

uitloper [i34]

Zijscheuten [i35]

Waterparameters [i36]

Goed om te weten

Nitraat

Nitraat is een voedingsstof die in te hoge concentratie de groei van algen kan bevorderen. Regelmatige waterverversingen helpen om het nitraatgehalte in het nano-aquarium binnen het optimale bereik te houden.

Vloeibare bemesting

Vloeibare meststoffen leveren de waterplanten belangrijke voedingsstoffen die ze via de waterkolom opnemen. De dosering moet worden aangepast aan de behoeften van de planten en de grootte van het aquarium om overbemesting te voorkomen.

Zijtakken

Zijtakken zijn net als stekken een mogelijkheid voor vegetatieve vermeerdering bij aquariumplanten. Ze kunnen worden afgesneden en opnieuw worden geplant.

Plantenverzorging inspanning

Wekelijkse verzorgingsinspanning

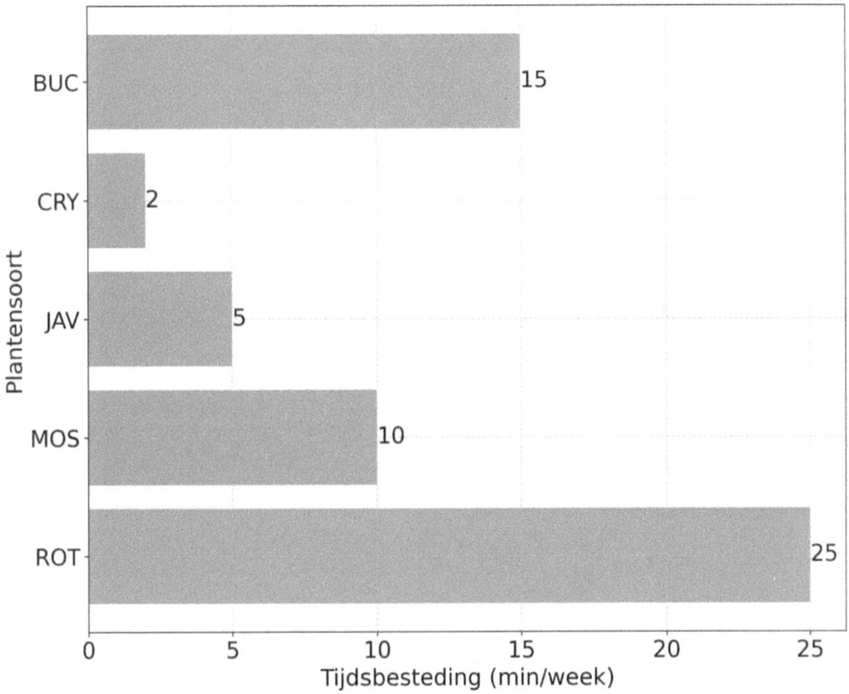

BUC: Bucephalandra

CRY: Cryptocoryne

JAV: Java varen

MOS: Mosballen

ROT: Rotala

De inspanning voor veeleisende soorten zoals Bucephalandra is aanzienlijk hoger dan voor eenvoudige soorten zoals Java varen. Beginners moeten kiezen voor makkelijk te verzorgen soorten.

Concrete adviezen

- Gebruik voor de wekelijkse waterverversing stilstaand kraanwater dat u in een aparte container voorbereidt en op temperatuur brengt.
- Rotateer uw planten: Verplant wekelijks een derde van de planten om een gelijkmatige groei en een gevarieerde uitstraling te waarborgen.
- Reinig wekelijks een klein deel van de bodem intensief met de mulmsauger, in plaats van de gehele bodem in één keer te behandelen.
- Stel een wekelijkse onderhoudsplanning op met vaste tijden voor waterverversing, filterreiniging en plantenverzorging om de routine te vergemakkelijken.
- Gebruik de wekelijkse filterreiniging om de slangen en aansluitingen op afzettingen te controleren en deze te verwijderen.
- Controleer wekelijks de staat van uw planten met een pincet op ongedierte of ziekten.
- Ontwikkel een systeem voor het opslaan van uw onderhoudsbenodigdheden, zodat alles binnen handbereik is en het wekelijkse onderhoud efficiënt verloopt.
- Integreer in uw wekelijkse routine de controle van de verlichting en pas de lichtsterkte of -duur indien nodig aan.
- Noteer wekelijks de staat van uw aquariumbewoners om veranderingen vroegtijdig te herkennen en dienovereenkomstig te reageren.
- Fotografeer uw aquarium wekelijks om de ontwikkeling van de plantengroei en de veranderingen in het aquarium te documenteren.
- Reflecteer wekelijks op uw aquariumonderhoud en overweeg welke aspecten u kunt optimaliseren of veranderen.
- Doe wekelijks onderzoek naar nieuwe informatie over uw aquariumplanten en -dieren om uw kennis uit te breiden en uw verzorging aan te passen.

4. 3 Maandelijkse Maatregelen

Maandelijkse maatregelen waarborgen de stabiliteit en gezondheid van uw nano-aquarium. Schoonheid, goed functionerende techniek en gecontroleerde plantengroei zijn essentieel voor het welzijn van de bewoners van het aquarium. Deze maatregelen voorkomen problemen en minimaliseren risico's - van de waterkwaliteit tot het gevaar van ongevallen. De volgende secties detailleren de noodzakelijke stappen voor de maandelijkse verzorging en onderhoud, van het reinigen van het aquarium en zijn omgeving tot het controleren van de technische componenten en de plantengroei. Optimaliseer de leefomstandigheden van uw aquariumbewoners en waarborg het langdurige succes van uw nano-aquarium - met de juiste maatregelen elke maand.

Een schone en ordelijke omgeving in en rond het nano-aquarium is essentieel voor de gezondheid van de levende wezens en het langdurige succes van het minibecken. Dit omvat regelmatige schoonmaakbeurten, controles van techniek en houdbaarheidsdata, evenals een aangepaste plantenverzorging en voedingsvoorziening.

Basisreiniging

De basisreiniging van een nano-aquarium omvat veel meer dan alleen het verversen van het water en het schoonmaken van de ruiten. Een schone omgeving rond het aquarium draagt aanzienlijk bij aan de gezondheid van de levende wezens in het aquarium en voorkomt problemen. Dit omvat onder andere het regelmatig schoonmaken van de oppervlakken in de directe omgeving van het aquarium. Kasten waarop het aquarium staat, opbergplanken voor accessoires en de bovenkant van de afdekking zijn potentiële verzamelplaatsen voor stof, voedselresten en waterspetters. Deze bieden een ideale voedingsbodem voor bacteriën en schimmels, die een negatieve invloed kunnen hebben op de waterkwaliteit en dus op de gezondheid van de aquariumbewoners. Daarom moeten deze gebieden regelmatig worden schoongemaakt met een vochtige doek en een geschikt reinigingsmiddel. [s52] Zorg ervoor dat het reinigingsmiddel geen schadelijke resten achterlaat die in het aquariumwater kunnen komen. Een mild afwasmiddel dat grondig met schoon water wordt afgespoeld, is meestal voldoende. Ook de netheid in en rond het aquarium verdient aandacht. Rommel in de buurt van het aquarium kan niet alleen onaantrekkelijk zijn, maar ook het onderhoud bemoeilijken en de kans op ongelukken vergroten. Losse kabels, rondslingerende gereedschappen of overvolle kasten kunnen snel tot struikelgevaar leiden of per ongeluk in het water vallen. Daarom is het raadzaam om kabels netjes op te bergen, gereedschap op een veilige plaats te bewaren en de omgeving van het aquarium regelmatig op te ruimen. Ook binnenin de kast onder het aquarium moet het opgeruimd zijn. Hier worden vaak voer, waterbehandelaars en andere belangrijke benodigdheden voor de aquaristiek opgeslagen. Een regelmatige controle van de houdbaarheidsdata en het rouleren van de voorraden – artikelen met een kortere houdbaarheidsdatum naar voren – voorkomt onnodige kosten en waarborgt de effectiviteit van de producten. [s52] Meststoffen of medicijnen met een verlopen houdbaarheidsdatum kunnen hun werking verliezen of in het ergste geval zelfs schadelijk zijn. Naast de directe omgeving van het aquarium moet ook de gehele ruimte waarin het aquarium zich bevindt regelmatig worden schoongemaakt. Stof en vuil uit de omgeving kunnen door luchtstromen in het aquariumwater komen en de waterkwaliteit beïnvloeden. Regelmatig stofzuigen en dweilen van de vloer, evenals het afstoffen van planken en andere oppervlakken, vermindert de stofbelasting en draagt bij aan een gezond aquariummilieu. Ook textiel zoals gordijnen of tapijten in de buurt van het aquarium kunnen stof en andere deeltjes opnemen. Deze moeten daarom regelmatig gewassen of gereinigd worden. [s52] Een regelmatige vervanging van het filtermedium in de aquariumfilter is ook onderdeel van de basisreiniging. De frequentie van de vervangingen hangt af van de bezettingsdichtheid en het type filter. Een vervuild filter kan de waterkwaliteit negatief beïnvloeden en de prestaties van de filterpomp verminderen. Daarom is het belangrijk om het filter regelmatig te onderhouden en het filtermedium volgens de instructies van de fabrikant te vervangen. De basisreiniging biedt ook een goede gelegenheid om de staat van de aquariuminventaris te controleren. Slangen, pompen en andere technische apparaten moeten op hun functionaliteit worden gecontroleerd en indien nodig worden schoongemaakt of vervangen. Defecte onderdelen vormen een risico en kunnen leiden tot grotere problemen als ze niet tijdig worden opgemerkt en verholpen. Een regelmatige controle helpt om potentiële gevaren te identificeren en de levensduur van de apparaten te verlengen. De regelmatige controle van het aquarium en zijn omgeving is dus veel meer dan alleen een kwestie van esthetiek – het is een belangrijke factor voor de gezondheid van de aquariumbewoners en het langdurige succes van het nano-aquarium.

Goed om te weten

Filtermedium

Het filtermedium in de aquariumfilter speelt een cruciale rol bij de waterreiniging. Het filtert vuildeeltjes, verontreinigingen en organisch afval uit het water en draagt zo bij aan het behoud van een goede waterkwaliteit. Een regelmatige vervanging van het filtermedium is belangrijk om de filterprestaties op peil te houden en de groei van schadelijke bacteriën te voorkomen.

Houdbaarheidsdata

Het controleren van de houdbaarheidsdata van voer, waterbehandelaars en medicijnen is belangrijk om de effectiviteit van de producten te waarborgen en de gezondheid van de aquariumbewoners te beschermen. Verlopen producten kunnen hun werking verliezen of zelfs schadelijke stoffen ontwikkelen die de aquariumbewoners kunnen schaden.

Reinigingsmiddelen

Voor het schoonmaken van de omgeving van het aquarium mogen alleen milde, aquariumvriendelijke reinigingsmiddelen worden gebruikt om schadelijke effecten op de waterkwaliteit en de aquariumbewoners te voorkomen. Resten van reinigingsmiddelen kunnen het biologische evenwicht verstoren en de gezondheid van de vissen, garnalen of planten beïnvloeden.

Maandelijkse schoonmaaktijd Nano Aquarium

Tijdsbesteding aan maandelijkse onderhoudstaken voor nano aquaria.

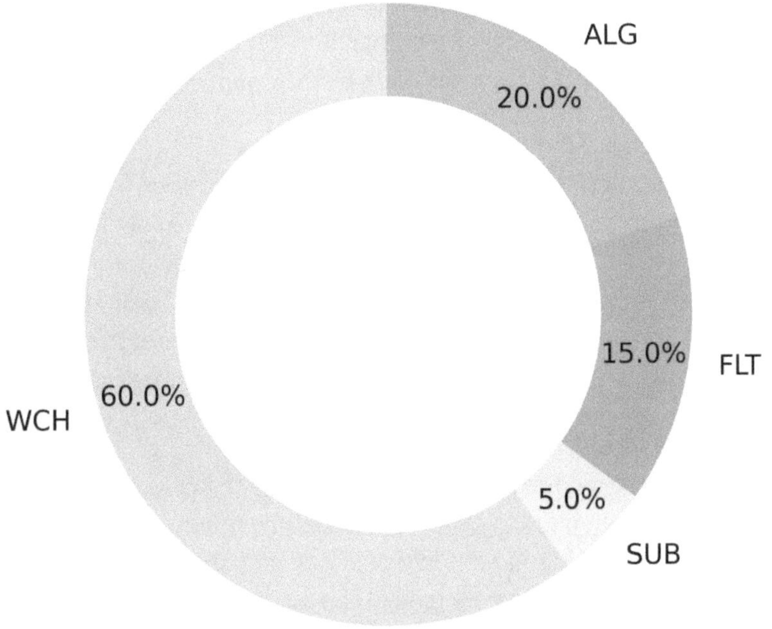

ALG: Algen Schrapen   FLT: Filter Onderhoud

SUB: Substraat Reinigen   WCH: Water Verversen

Het grootste deel van de maandelijkse schoonmaaktijd is besteed aan waterverversingen, wat het belang ervan voor het behoud van de waterkwaliteit benadrukt. Hoewel het schrapen van algen en het onderhoud van filters minder tijd kost, zijn ze nog steeds cruciaal voor een gezond nano-ecosysteem. Substraat reinigen vereist de minste tijd, wat de efficiëntie van een goed onderhouden nano aquarium weerspiegelt.

Technische controle

De regelmatige controle van de technische componenten is essentieel voor een goed functionerend nano-aquarium. Dit omvat de controle van alle apparaten die aan en in het aquarium zijn aangesloten. Filters, verwarming, verlichting en indien van toepassing CO2-installaties moeten op hun goede werking worden gecontroleerd. Een filter met afnemende prestaties kan leiden tot een verslechtering van de waterkwaliteit, terwijl een defecte verwarming temperatuurfluctuaties veroorzaakt die schadelijk zijn voor de bewoners van het aquarium. Ook de verlichting speelt een belangrijke rol voor de groei van planten en het welzijn van de dieren. Controleer de lampen op hun helderheid en vervang ze indien nodig. Bij CO2-installaties moet op de dichtheid en de juiste dosering worden gelet. De controle van de waterwaarden, zoals pH-waarde, temperatuur en nitraatgehalte, maakt ook deel uit van de maandelijkse routine. Strooktesten of Druppeltesten maken een nauwkeurige meting mogelijk. Het naleven van de optimale waterparameters draagt aanzienlijk bij aan de gezondheid van de bewoners van het aquarium [s53]. Zorg ervoor dat u altijd ontchloreerd water gebruikt en houd de leitfaehigkeit tussen 300 en 1500 µS [s53]. Een regelmatige controle van de kabels en slangen van alle technische apparaten kan vroegtijdig schade aan het licht brengen. Porous slangen moeten onmiddellijk worden vervangen om lekkages te voorkomen. Knikken in slangen kunnen de waterstroom belemmeren en de prestaties van de pomp beïnvloeden. Let ook op kalkaanslag op de verwarmingselementen. Deze kunnen de verwarmingsprestaties verminderen en leiden tot een verhoogd energieverbruik. Verwijder kalkaanslag voorzichtig met een zachte borstel. Regelmatig onderhoud van de technische apparatuur verlengt de levensduur en minimaliseert het risico op storingen en de daarmee samenhangende problemen in het aquarium. Een voorbeeld: een lekkende slang aan het filter kan onopgemerkt leiden tot een aanzienlijk waterverlies. Door

tijdig de slang te controleren en te vervangen, kan deze schade worden voorkomen.

Kalkaanslag [i37]

Nano Aquarium Onderhoud

Inspanning, frequentie en belangrijkheid van nano aquarium onderhoudstaken.

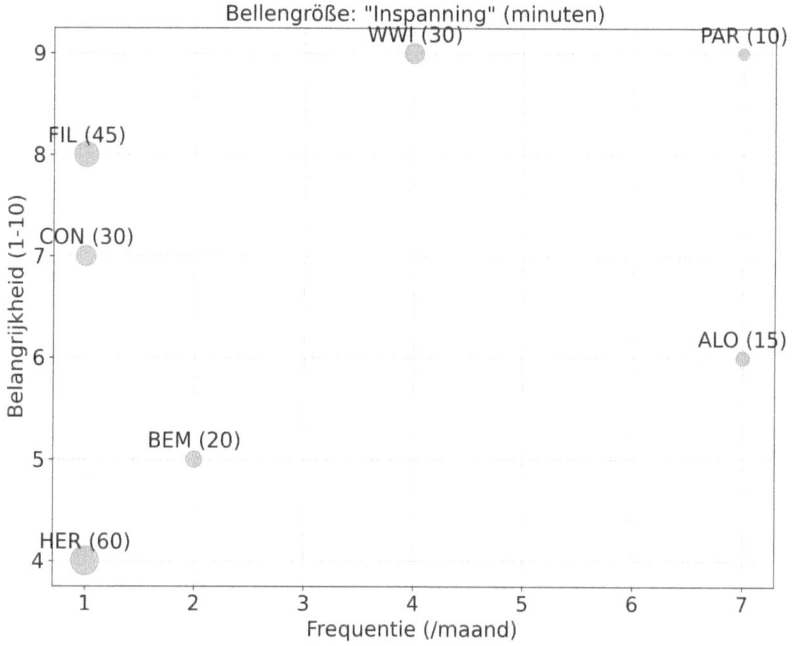

Blasengröße: Inspanning (minuten)

ALO: Algenreiniging

BEM: Bemesten

CON: Controle Hardware

FIL: Filter Onderhoud

HER: Herinrichten/Dieptereiniging

PAR: Controleer Parameters

WWI: Waterwissel

Waterwissels zijn zeer belangrijk en frequent, en vereisen gemiddelde inspanning. Algenreiniging is minder belangrijk, maar vereist frequente aandacht met weinig inspanning. Filteronderhoud is cruciaal, maar minder frequent, en vereist gemiddelde inspanning. Parametercontroles zijn essentieel, frequent en eenvoudig. Hardware controles zijn belangrijk, minder frequent en nemen gemiddelde inspanning in beslag. Deze visualisatie helpt bij het prioriteren van onderhoudstaken voor een gezond nano aquarium.

Groeicontrole

Groeiregulering in het nano-aquarium richt zich primair op de flora en vereist een afgestemde aanpak. Snelgroeiende plantensoorten kunnen het aquarium snel domineren en andere bewoners, zoals langzaam groeiende soorten of bodemdieren, licht en voedingsstoffen ontnemen. Dichte populaties belemmeren bovendien de watercirculatie en kunnen leiden tot zuurstofgebrek in bepaalde gebieden. Regelmatig snoeien van de planten is daarom essentieel om een evenwichtige verhouding te behouden. Hierbij verwijdert men niet alleen overmatig lange scheuten, maar verlicht men ook dichte gebieden om alle planten voldoende licht en toegang tot voedingsstoffen te bieden. Net als bij het onderhoud van de omgeving van het aquarium, waar het draaien van de voorraden op houdbaarheidsdatum zinvol is, hoeven ook afgesneden, gezonde plantendelen niet per se weggegooid te worden. Deze kunnen – afhankelijk van de soort – aan andere aquariumbezitters worden aangeboden of opnieuw worden geplant in het eigen aquarium. Zo ontstaan nieuwe, sterke planten en wordt tegelijkertijd de overmatige groei gecontroleerd. De afgesneden stukken kunnen direct in de bodem worden geplaatst of eerst aan een steen of wortel worden bevestigd voordat ze hun definitieve plek in het aquarium vinden. De controle van de voedingsstoffen speelt een cruciale rol bij de groeibeperking. Te hoge concentraties aan voedingsstoffen, met name nitraat en fosfaat, bevorderen een overmatige plantengroei. Regelmatige waterwisselingen en het gebruik van filtersystemen die overtollige voedingsstoffen verwijderen, helpen om het voedingsstoffeniveau binnen het optimale bereik te houden. Het is raadzaam om de waterwaarden regelmatig te controleren om een onbalans vroegtijdig te herkennen en passende maatregelen te nemen. De dosering van fluessigduengern moet worden aangepast aan de werkelijke behoefte van de planten en niet algemeen worden toegepast. Overbemesting leidt niet alleen tot versterkte plantengroei, maar kan ook algenbloei bevorderen en de waterkwaliteit negatief beïnvloeden. De keuze van de juiste plantensoorten is een andere belangrijke factor in de groeiregulering. Langzaam groeiende soorten zijn beter geschikt voor nano-aquaria dan snelgroeiende, omdat ze minder onderhoud vereisen en het biologische evenwicht in het kleine aquarium stabieler houden. Ook de uiteindelijke grootte van de planten is belangrijk bij de selectie. Sommige soorten kunnen in de loop van de tijd een aanzienlijke grootte bereiken en de beperkte ruimte in het nano-aquarium snel vullen. De combinatie van langzaam groeiende soorten met gerichte snoei en een aangepaste voedingsvoorziening maakt een harmonieuze inrichting en een gezonde groei van de planten in het nano-aquarium mogelijk. De studie toonde aan dat gerichte maatregelen geen significante verandering in lichaamsgrootte teweegbrengen, wat wijst op de effectiviteit van een gecontroleerde aanpak. Kasselmann, C. (2010). *Aquariumplanten*. Ulmer Eugen Verlag. Horst, K., & Kipper, H. (2004). *Het optimale aquarium*. Gräfe und Unzer.

Goed om te weten

Algenbloei

Een sterke toename van algen in het aquarium, die het water troebel kan maken en het zuurstofgehalte kan verlagen. Algenbloei wordt vaak veroorzaakt door een overaanbod aan voedingsstoffen of licht.

Voedingsstoffen

Essentiële stoffen die planten nodig hebben voor groei en bloei. In het aquarium zijn dit vooral nitraat, fosfaat, kalium, ijzer en sporenelementen. Een overaanbod kan leiden tot algengroei, een tekort tot verzwakte planten.

Watercirculatie

De beweging van water in het aquarium, die wordt veroorzaakt door pompen, filters of andere apparaten. Het zorgt voor een gelijkmatige uitwisseling van zuurstof, voedingsstoffen en temperatuur in het aquarium en is belangrijk voor het welzijn van de bewoners.

Zuurstofgebrek

Een toestand waarin er niet voldoende zuurstof in het aquariumwater aanwezig is voor de ademhaling van de levende wezens. Dit kan worden veroorzaakt door te dichte beplanting, hoge temperaturen of een te hoge bezettingsdichtheid en kan leiden tot stress of de dood van de aquariumbewoners.

Nano Aquarium Groei Controle

Algen- en nitraatniveaus in de tijd.

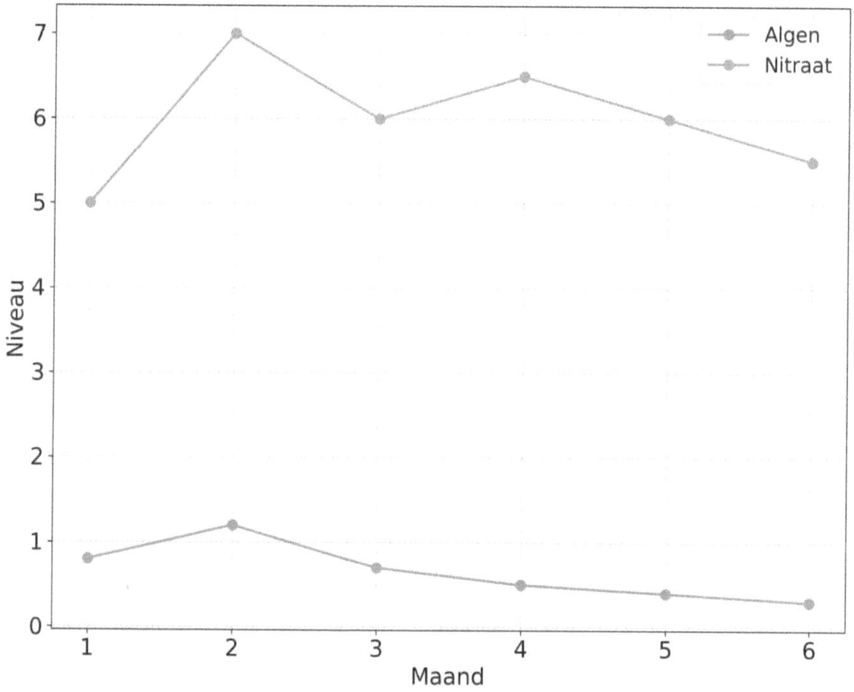

Initiële algengroei wordt gevolgd door een afname, waarschijnlijk als gevolg van geïmplementeerde controlemaatregelen. Nitraatniveaus vertonen aanvankelijk een lichte stijging, maar stabiliseren vervolgens, wat wijst op succesvol nutriëntenbeheer binnen het nano-aquariumecosysteem.

Concrete adviezen

- Verander maandelijks een deel van het substraat om verrijkte voedingsstoffen te verwijderen en de groei van nieuwe planten te bevorderen.
- Documenteer maandelijks het waterverbruik van uw aquarium om uw waterafdruk te bepalen en besparingsmogelijkheden te identificeren.
- Stel een maandelijkse checklist op voor het onderhoud van alle technische apparaten, zoals filters, verwarming en verlichting.
- Controleer maandelijks de staat van de siliconen afdichtingen van het aquarium op scheuren of lekkages en vervang deze indien nodig.
- Kalibreer maandelijks meetinstrumenten zoals thermometers of pH-meters om de nauwkeurigheid van de metingen te waarborgen.
- Desinfecteer maandelijks uw verzorgingsgereedschap zoals netten, pincetten en scharen om de verspreiding van kiemen en ziekten te voorkomen.
- Doe maandelijks onderzoek naar nieuwe wetenschappelijke inzichten in de aquaristiek om uw verzorgingsmethoden te optimaliseren en uw kennis uit te breiden.
- Gebruik maandelijks een andere waterbehandelingsmethode om de effecten op de waterkwaliteit te observeren en de optimale methode voor uw aquarium te vinden.
- Deel maandelijks uw ervaringen met andere aquarianen en laat u inspireren door hun tips en trucs.
- Bezoek maandelijks een andere aquariumwinkel of visbeurs om nieuwe inspiratie op te doen voor de inrichting en bezetting van uw aquarium.
- Reflecteer maandelijks op uw voortgang in de aquaristiek en stel nieuwe doelen voor de volgende maand.

Terugblik - 4. Verzorging en Onderhoud

De verzorging van een nano-aquarium lijkt op het eerste gezicht eenvoudig, maar juist het kleine watervolume vereist een gevoelige en doordachte aanpak. Een goed functionerend mini-ecosysteem is gebaseerd op de interactie van verschillende factoren, die u door regelmatige verzorging en onderhoud in balans houdt. Deze gids biedt praktische aanbevelingen om uw nano-aquarium succesvol te beheren en er op lange termijn plezier van te hebben.

Laten we beginnen met het voermanagement. De juiste hoeveelheid voer is cruciaal om de waterkwaliteit niet te belasten en tegelijkertijd uw vissen optimaal te voeden. Houd u aan de vuistregel om alleen zoveel te voeren als de dieren binnen enkele minuten kunnen opeten. Observeer het eetgedrag van uw vissen nauwkeurig – dit geeft u waardevolle aanwijzingen over hun gezondheidstoestand en helpt u de hoeveelheid voer individueel aan te passen. Varieer tussen droog- en levend voer en spoel levend voer grondig af voor het voeren om ongewenste stoffen zoals zout te verwijderen. Vergeet niet dat de watertemperatuur de voedselopname beïnvloedt.

De controle van het waterniveau is een ander belangrijk aspect van de verzorging van een nano-aquarium. Verdamping, vooral in verwarmde ruimtes, leidt tot een constante waterverliezen die u door regelmatig bijvullen moet compenseren. Gebruik hiervoor uitsluitend osmosewater of gedestilleerd water, aangezien kraanwater vaak ongewenste mineralen bevat die het gevoelige evenwicht in het aquarium kunnen verstoren. Gebruik de waterverversing ook om de bodem te reinigen. Een slibzuiger helpt u om slib en afzettingen effectief te verwijderen zonder het hele aquarium leeg te hoeven maken. Zorg ervoor dat u altijd slechts een deel van het water vervangt om de belangrijke bacterieculturen niet te beschadigen. Controleer regelmatig de waterparameters zoals pH-waarde, ammoniak en nitraat om de waterkwaliteit in de gaten te houden en tijdig op veranderingen te kunnen reageren.

De regelmatige visuele controle geeft u inzicht in de algehele staat van uw aquarium. Let op troebelheid, algengroei en het gedrag van uw vissen. Zelfs kleine veranderingen kunnen wijzen op een onbalans. Maak de aquariumruiten regelmatig schoon met een geschikte spons of schraper om het zicht te waarborgen en algengroei te beheersen. Ook het filtersysteem heeft regelmatige verzorging nodig. Een verstopte filter beïnvloedt de watercirculatie en kan leiden tot een verslechtering van de waterkwaliteit. Maak de filter daarom regelmatig schoon en vervang het filtermedium volgens de instructies van de fabrikant. Integreer de visuele controle in uw dagelijkse routine, bijvoorbeeld tijdens het voeren.

De verzorging van de planten is een ander belangrijk onderdeel van het onderhoud van een nano-aquarium. Gezonde planten dragen bij aan de stabiliteit van het ecosysteem door voedingsstoffen te verbruiken en zuurstof te produceren. Snoei uw planten regelmatig om overmatige groei te voorkomen en dode plantendelen te verwijderen. Let op de individuele behoeften van uw planten en bemest spaarzaam om algengroei te voorkomen. De regelmatige controle van de technische componenten zoals filter, verwarming en verlichting rondt de verzorging af.

Hoewel de verzorging van een nano-aquarium tijd en aandacht vereist, kan de inspanning met de juiste strategieën en een goed geplande routine worden geminimaliseerd. U zult beloond worden met een prachtig mini-ecosysteem dat u en uw aquariumbewoners lange tijd plezier zal brengen.

5. Probleemoplossing en Preventie

Wie kent het niet - de ochtendblik in het aquarium onthult plotseling onverwachte veranderingen? Een nano-aquarium reageert vanwege zijn geringe watervolume bijzonder gevoelig op verstoringen van het biologische evenwicht. De sleutel tot succes ligt in het vroegtijdig herkennen van waarschuwingssignalen en het weten van de juiste tegenmaatregelen. Dit hoofdstuk biedt de noodzakelijke handvatten om typische uitdagingen in minibecken zelfverzekerd te overwinnen. Wat op het eerste gezicht complex lijkt, kan met een systematische aanpak verrassend eenvoudig worden aangepakt.

5. 1 Algenbestrijding

Algen in het nano-aquarium beïnvloeden niet alleen de esthetiek, maar bedreigen ook de biologische balans. Ongecontroleerde algengroei wijst op onevenwichtige voedingsstoffen en kan de groei van waterplanten belemmeren en de gezondheid van de aquariumbewoners in gevaar brengen. Effectieve algbestrijding vereist begrip van de oorzaken en de toepassing van geschikte strategieën. Dit hoofdstuk behandelt preventieve maatregelen, biologische bestrijdingsmethoden en mechanische verwijderingstechnieken. Van de juiste filtratie en verlichting tot het gebruik van algeneters en moderne ultrasone technologieën – hier vindt u de juiste hulpmiddelen voor een algenvrij nano-aquarium. Ontdek hoe u effectief algproblemen kunt voorkomen en bestaande algplagen succesvol kunt bestrijden.

Effectieve algbestrijding in het nano-aquarium is gebaseerd op de drie-eenheid van preventie, biologische controle en mechanische verwijdering.

Preventieve maatregelen

Algen in het nano-aquarium zijn een veelvoorkomend probleem, maar met de juiste preventieve maatregelen kan hun groei effectief worden ingedamd. Een schoon aquarium is de basis voor gezonde plant- en diergroei en minimaliseert tegelijkertijd het algenrisico. Regelmatige gedeeltelijke waterverversingen, ongeveer 10-20% wekelijks, verwijderen overtollige voedingsstoffen en algen-sporen voordat ze zich kunnen hechten. Het is belangrijk om stilstaand water uit de bodem te zuigen, waar zich vaak slib en daarmee voedingsstoffen ophopen. De juiste filtratie speelt ook een cruciale rol. Een voldoende dimensioneerde filter zorgt voor helder water en verwijdert zweefalgen en organisch afval. De filtermedia moeten regelmatig worden gereinigd of vervangen om de volledige functionaliteit te waarborgen. Naast de mechanischen_filterung is ook de biologische filtratie belangrijk om ammonium en nitriet af te breken, die als voedingsstoffen voor algen dienen. Een evenwichtige beplanting concurreert met algen om voedingsstoffen en licht. Snelgroeiende planten verbruiken voedingsstoffen efficiënt en remmen zo de algengroei. Ook de juiste belichtingsduur is cruciaal. Te veel licht bevordert algen, terwijl te weinig licht de plantengroei remt. Een belichtingstijd van 8-10 uur per dag is voor de meeste nano-aquaria voldoende. Het voeden van de aquariumbewoners moet spaarzaam gebeuren. Overtollig voer zinkt naar de bodem, verrot en geeft voedingsstoffen vrij die algen groei bevorderen. Voer alleen zoveel als de dieren binnen enkele minuten kunnen verbruiken.

[s54] Zoals in het grote ecosysteem geldt ook in het nano-aquarium: het vermijden van verontreinigingen is essentieel. Hoewel de maatregelen in het thuisaquarium niet direct vergelijkbaar zijn met de wereldwijde milieuproblemen, is het onderliggende mechanisme hetzelfde. Net zoals het overmatig gebruik van meststoffen in de landbouw kan leiden tot algenbloei in meren [s54], kan ook overbemesting in het aquarium de algengroei bevorderen. Daarom moet

meststof alleen spaarzaam en gericht worden gebruikt om aan de voedingsbehoefte van de planten te voldoen, zonder de algen te bevorderen. Let bij de keuze van decoratiematerialen en bodem op natuurlijke en niet-giftige materialen om ongewenste stofinvoer te vermijden. Ook het gebruik van kraanwater kan problematisch zijn als het hoge concentraties fosfaat of nitraat bevat. In dat geval kan het gebruik van osmosewasser of speciale waterbehandelaars zinvol zijn. Door deze maatregelen te combineren, creëert u een stabiel en algenarm nano-aquarium waarin uw aquariumbewoners zich prettig voelen.

Goed om te weten

Algen-sporen

Voortplantingscellen van algen die zich in het water verspreiden en nieuwe algen kunnen vormen.

Filtermedia

Materialen in de filter die de waterzuivering ondersteunen door schadelijke stoffen en vuildeeltjes uit het water te verwijderen. Verschillende filtermedia bevorderen de mechanische en biologische filtratie.

Zweefalgen

Eencellige algen die in het water zweven en voor een groene troebelheid van het water kunnen zorgen.

Maatregelen ter voorkoming van algen

Verdeling van algenpreventiemethoden in nano-aquaria.

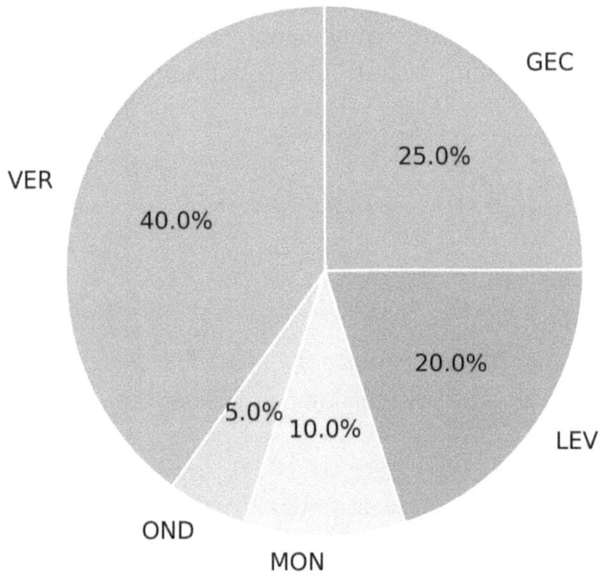

GEC: Gecontroleerde voeding

LEV: Zorgvuldige Levende Have Selectie

MON: Proactieve monitoring (bijv. testen)

OND: Gerichte behandelingen (bijv. algiciden)

VER: Regelmatig water verversen

Een evenwichtige benadering van algenpreventie is essentieel. Regelmatig water verversen is de basis en pakt de opbouw van voedingsstoffen aan. Zorgvuldige selectie van levende have en gecontroleerde voeding voorkomen overtollig afval. Gerichte behandelingen kunnen weliswaar effectief zijn, maar ze kunnen het best spaarzaam en als laatste redmiddel worden gebruikt. Door ijverige monitoring en proactieve maatregelen wordt de behoefte aan reactieve oplossingen geminimaliseerd.

Biologische Controle

Biologische algencorrectie in het nano-aquarium richt zich op de gerichte bevordering van organismen die algen eten of hun groei remmen. Verschillende diersoorten zijn hiervoor geschikt, zoals slakken zoals de Posthornslak of de geweihaakslak, die algengroei van oppervlakken afgrazen. Ook sommige garnalensoorten, zoals de Amanogarnaal, dragen bij aan de algenreductie door fijne algdraden en aanslag te consumeren. Vissen zoals de Otocinclus en bepaalde soorten levendbarende tandkarpers kunnen ook de algengroei controleren. Bij het kiezen van algenetende dieren moet rekening worden gehouden met de compatibiliteit met andere aquariumbewoners en de waterparameters. Een overbevolking van het aquarium moet worden vermeden, omdat dit kan leiden tot een verhoogde voedingsstofbelasting en uiteindelijk tot een toegenomen algengroei. Naast de dierlijke ondersteuning kan de biologische algencorrectie ook worden bereikt door het gebruik van micro-organismen. Bacterieculturen die in de handel verkrijgbaar zijn, kunnen helpen organisch afval af te breken en zo de voedingsstoffen voor de algen te verminderen. De effectiviteit van deze methode hangt echter sterk af van de omstandigheden in het aquarium en vereist zorgvuldige toepassing. Interessant is dat algen ook in grotere aquacultuursystemen kunnen worden gebruikt voor de verwijdering van anorganische stikstof, waarbij licht en hydraulische verblijftijd cruciale factoren zijn [s55]. Dit principe kan, op kleinere schaal, ook op het nano-aquarium worden toegepast door gerichte gebieden met sterkere verlichting en langere waterverblijftijd te creëren om de algengroei daar te concentreren en vervolgens gemakkelijker te verwijderen. Het plaatsen van een kleine algenreactor in de filtercyclus, na filtratie en nitrificatie, kan de controle over de hydraulische verblijftijd verbeteren en zo de stikstofverwijdering optimaliseren [s55].

Algenreaktor [i38]

Amano-garnaal [i39]

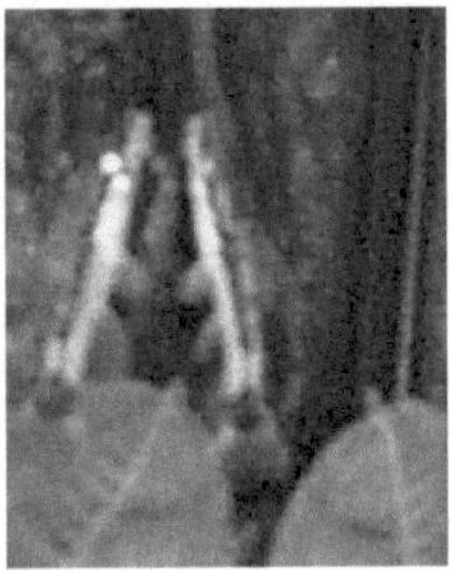

Otocinclus meerval [i40]

Posthoornslak [i41]

Goed om te weten

Algenreactor

Een kleine algenreactor die in de filtercyclus wordt geplaatst, kan helpen om voedingsstoffen te verminderen en de algengroei in het hoofd aquarium te minimaliseren. Het biedt een gecontroleerde omgeving voor de algengroei en vergemakkelijkt de verwijdering van de algen.

Hydraulische verblijftijd

De hydraulische verblijftijd verwijst naar de tijd die het water nodig heeft om een bepaald gebied van het aquarium of filter te doorstromen. Een langere verblijftijd in de algenreactor kan de verwijdering van voedingsstoffen verbeteren.

Levendbarende tandkarpers

Bepaalde soorten levendbarende tandkarpers, zoals guppy's of molly's, eten ook algen, maar hun effectiviteit bij de algencorrectie is lager dan die van gespecialiseerde algeneters. Ze kunnen echter helpen om de algengroei binnen de perken te houden.

Posthornslak

Deze slakkensoort staat bekend om zijn grote eetlust voor algen en helpt om algensporen op oppervlakken en planten te verminderen. Ze vermenigvuldigt zich echter snel, dus populatiecontrole is raadzaam.

Effectiviteit van algbestrijding in nano-aquaria

Vergelijking van biologische algbestrijdingsmethoden

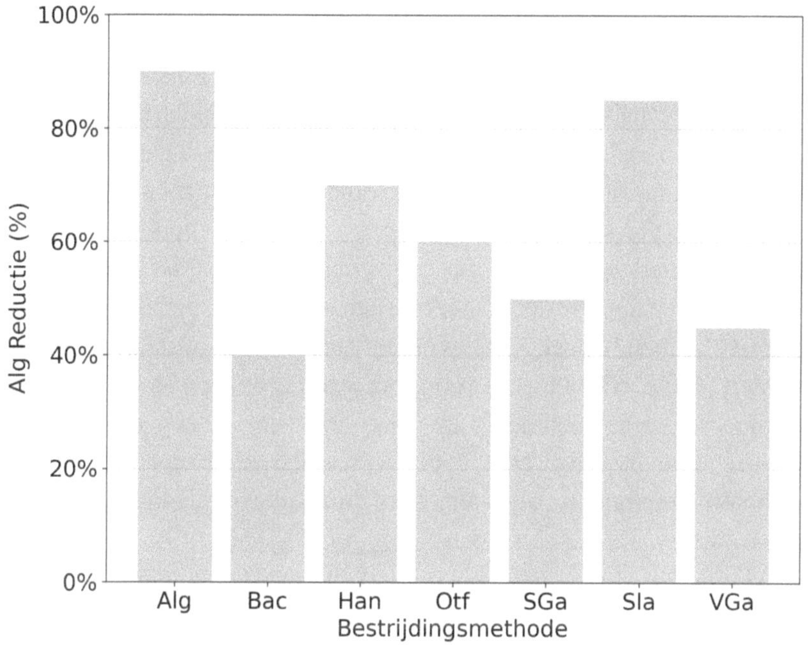

Alg: Amano Garnalen

Bac: Nuttige Bacteriën

Han: Handmatig Verwijderen

Otf: Otocinclus Meerval

SGa: Siamese Algeneter

Sla: Slakken (Nerite, etc.)

VGa: Macroalgen (Chaeto)

Deze grafiek toont duidelijk de verschillende effectiviteit van verschillende biologische algbestrijdingsmethoden. Slakken en Amano-garnalen vertonen de hoogste algreductiepercentages, waardoor ze een uitstekende keuze zijn voor nano-aquaria. Hoewel algenetende vissen kunnen bijdragen, is hun effectiviteit over het algemeen lager en kunnen ze ruimteproblemen opleveren in kleinere aquaria. Het gebruik van nuttige bacteriën en concurrerende macroalgen biedt een meer passieve benadering met gematigd succes, vooral in gevestigde aquaria. Handmatig verwijderen blijft belangrijk voor plaatselijke behandeling en het voorkomen van overmatige opbouw.

Mechanische Verwijdering

De mechanische algverwijdering in het nano-aquarium omvat verschillende directe methoden om ongewenste begroeiing te verwijderen. Met behulp van een aquariumschraper of een speciale algenkaart kunnen hardnekkige aanslag van de ruiten worden verwijderd. Voor fijnere structuren en moeilijk bereikbare plaatsen, zoals tussen dicht op elkaar staande planten of aan decoratieve objecten, zijn zachte borstels of speciale reinigingsaccessoires geschikt. Ook de bodem moet niet worden verwaarloosd bij de mechanische reiniging. Met een slibzuiger kunnen dode plantenresten, voederresten en algengroei die zich in het substraat hebben opgehoopt, worden opgezogen, wat de algengroei bevordert. Deze mechanische reiniging van de bodem moet, afhankelijk van de bezettingsdichtheid en de hoeveelheid voer, regelmatig, ongeveer elke één tot twee weken, worden uitgevoerd. Naast deze traditionele methoden zijn er ook innovatieve benaderingen voor algbestrijding. Zo is er een omnidirectioneel ultrasone systeem ontwikkeld dat algen met een opmerkelijke efficiëntie van meer dan 70% in 30 minuten verwijdert door middel van cavitatie, waarbij de algencellen worden vernietigd [s56]. Deze technologie, die werkt met een enkele ultrasone omvormer, zou in de toekomst een efficiënte en milieuvriendelijke alternatieve methode kunnen zijn voor traditionele methoden [s56]. Ook het gericht oogsten van algen, met name vrij zwevende cyanobacteriën, is een vorm van mechanische verwijdering [s57]. Hierbij is echter voorzichtigheid geboden, aangezien cyanobacteriën, ook wel blauwalg genoemd, giftige stoffen kunnen produceren die in het water terechtkomen en de bewoners van het aquarium in gevaar kunnen brengen. Na het oogsten van de cyanobacteriën moet daarom een royale waterverversing worden uitgevoerd om de toxineconcentratie te verlagen [s57]. De mechanische algverwijdering is een belangrijke directe maatregel om acute algenproblemen aan te

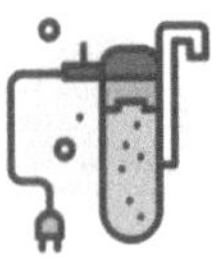

pakken. Het moet echter altijd worden gecombineerd met preventieve maatregelen en, indien nodig, biologische controlemethoden om op lange termijn een algenarm en gezond aquarium te waarborgen. Door verschillende strategieën te combineren, kan de algengroei effectief worden gecontroleerd en kan een stabiel evenwicht in het nano-aquarium worden behouden.

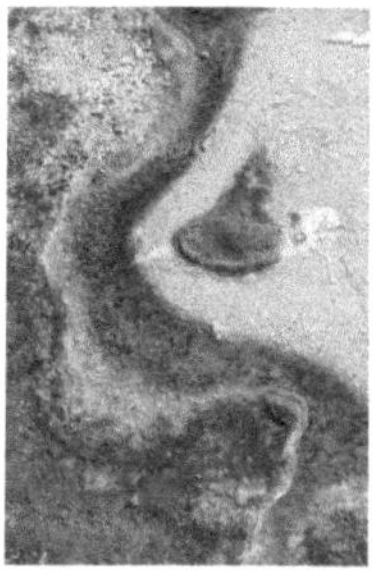

Cyanobacteriën [i42]

Goed om te weten

Omnidirectioneel

Verwijst naar de gelijkmatige verspreiding van geluidsgolven in alle richtingen, waardoor een uitgebreide algbestrijding in het nano-aquarium wordt gewaarborgd.

Toxineconcentratie

De hoeveelheid giftige stoffen die in het water zijn opgelost. Na het verwijderen van cyanobacteriën moet de toxineconcentratie door middel van een waterverversing worden verlaagd om de gezondheid van de bewoners van het aquarium te waarborgen.

Ultrasone omvormer

Een apparaat dat elektrische energie omzet in ultrasone golven die kunnen worden gebruikt voor de bestrijding van algen in het nano-aquarium.

Verdeling van de inspanning voor algenverwijdering

Verdeling van de inspanning voor mechanische algenverwijdering.

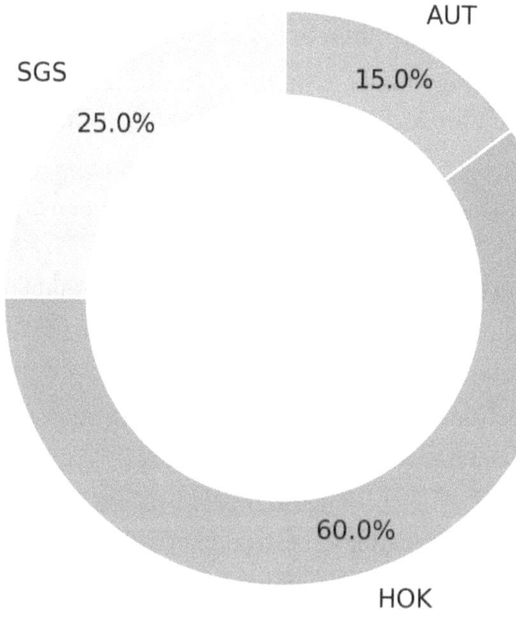

- AUT: Automatische reinigers (bijv. robotreinigers)
- HOK: Handmatig verwijderen (bijv. schrapen, afvegen)
- SGS: Gespecialiseerd gereedschap (bijv. magnetische schrapers, algenpads)

Handmatig verwijderen vereist de grootste inspanning, wat de noodzaak van preventieve maatregelen en efficiënte reinigingstools benadrukt. Hoewel gespecialiseerd gereedschap en automatische reinigers de handmatige inspanning verminderen, dragen ze nog steeds bij aan de totale werklast. Chemische of biologische controles, die hier niet worden weergegeven, zouden de handmatige reiniging verder kunnen minimaliseren.

Concrete adviezen

- Gebruik een fijn zeefje om zwevende algen regelmatig af te schrapen en zo hun verspreiding te beperken.
- Bepaal de algensoort nauwkeurig om gerichte maatregelen te nemen en onnodige behandelingen te vermijden.
- Gebruik doelbewust planten die concurreren met de aanwezige algensoort, bijvoorbeeld hoornblad tegen draadalgen.
- Experimenteer met vloeibare meststoffen die de plantengroei bevorderen zonder de algen extra van voedingsstoffen te voorzien.
- Verander vaker kleine hoeveelheden water om de voedingsstofconcentratie constant laag te houden en algengroei te voorkomen.
- Observeer uw aquarium regelmatig onder verschillende lichtomstandigheden om algengroei vroegtijdig te herkennen en onmiddellijk te reageren.
- Verlaag de lichtintensiteit geleidelijk om de algengroei te remmen zonder de planten te beschadigen.
- Gebruik een UV-C-filter in de filtercirculatie om algen sporen en ziekteverwekkers effectief te bestrijden en het water te klaren.
- Gebruik een speciaal algmiddel dat is afgestemd op de specifieke algensoort en de andere bewoners van het aquarium niet beïnvloedt.
- Verwijder sterk aangetaste planten of decoratieve voorwerpen volledig uit het aquarium om de algenbron te elimineren.
- Start het aquarium opnieuw na een algplaag om een volledige reset van het ecosysteem te waarborgen en hardnekkige algen te verwijderen.
- Laat u adviseren door ervaren aquarianen om individuele oplossingen voor uw algenprobleem te vinden en fouten te vermijden.

5. 2 Waterkwaliteit

In het nano-aquarium bepaalt de waterkwaliteit het welzijn van de bewoners. Het geringe watervolume reageert gevoelig op veranderingen in parameters zoals pH-waarde, hardheid, zuurstofgehalte en verontreinigingsconcentratie. Deze factoren beïnvloeden de gezondheid van de vissen, de groei van planten en de efficiëntie van de biologische filtratie. Externe invloeden zoals de kwaliteit van leidingwater of meststoffen spelen ook een rol. Stabiele waterparameters zijn de basis van een functionerend mini-ecosysteem. Dit hoofdstuk legt de belangrijkste parameters en typische uitdagingen in het nano-aquarium uit, om een gezonde en diervriendelijke omgeving voor uw aquariumbewoners te creëren. Leer hoe u deze uitdagingen kunt overwinnen en problemen effectief kunt voorkomen.

In het nano-aquarium is preventief handelen door aangepaste bezettingsdichtheid, evenwichtige voeding en regelmatige gedeeltelijke waterverversingen belangrijker dan reactieve probleemoplossing, omdat het geringe watervolume sneller reageert op veranderingen en belastingen.

Controle van schadelijke stoffen

Controle van schadelijke stoffen in het nano-aquarium betekent de gerichte regulatie van ongewenste stoffen om een stabiel en gezond ecosysteem te waarborgen. Waterparameters zoals temperatuur, phwert, salinitaet, alkaliteit, hardheid, opgeloste zuurstof en stikstofafval beïnvloeden direct het welzijn van de aquariumbewoners en de efficiëntie van de biologische filtratie [s58]. Regelmatige monitoring van deze parameters is daarom essentieel. Bronwater moet voor gebruik op schadelijke chemicaliën worden gecontroleerd [s58]. Geautomatiseerde monitoring- en controlesystemen die continu waterparameters meten en aanpassen, dragen aanzienlijk bij aan de stabiliteit van het systeem [s58]. De biologische filtratie, die gebruikmaakt van gespecialiseerde substraten met nitrificerende bacteriën, verwijdert giftig ammoniak [s58]. Chemische filtratie kan daarnaast organische verbindingen verwijderen, maar is niet altijd noodzakelijk [s58]. Voldoende beluchting houdt het zuurstofgehalte op een optimaal niveau voor de vissen [s58]. Desinfectiemethoden controleren pathogene microben in het water [s58], waarbij regelmatige onderhoud en kalibratie van de geautomatiseerde systemen hun correcte werking waarborgen [s58]. Naast de genoemde parameters beïnvloeden ook externe factoren de waterkwaliteit. Chemische meststoffen en pesticiden uit de landbouw kunnen via diffuse bronnen in het water terechtkomen en leiden tot nitraat- en pesticidenvervuiling [s59]. In gebieden met van nature voorkomende giftige chemicaliën zoals arseen en fluoride kan het grondwater vervuild zijn [s59]. Ook kan waterdesinfectie met chloor door de reactie met organische stoffen leiden tot ongewenste bijproducten [s59]. In het nano-aquarium is de controle van schadelijke stoffen bijzonder relevant, omdat het geringe watervolume sneller reageert op veranderingen. Een regelmatige gedeeltelijke waterverversing met behandeld water en het gebruik van geschikte filtermaterialen ondersteunen de controle van

schadelijke stoffen. Het vermijden van overvoeding en overbezetting vermindert de organische belasting en minimaliseert de vorming van schadelijke stoffen. Door de combinatie van biologische en chemische filtratie kan een effectief reinigingssysteem worden opgezet dat de waterkwaliteit in het nano-aquarium op lange termijn waarborgt. De aandachtige observatie van het aquarium en zijn bewoners geeft vroegtijdig aanwijzingen voor mogelijke problemen en maakt tijdig ingrijpen mogelijk. Een stabiel, goed onderhouden nano-aquarium is veerkrachtiger tegen schommelingen en biedt de bewoners een gezonde en diervriendelijke omgeving.

Goed om te weten

Biologische filtratie

De biologische filtratie is een belangrijk proces in het aquarium, waarbij nuttige bacteriën schadelijke stoffen zoals ammoniak en nitriet afbreken. Een goed functionerende biologische filter is cruciaal voor een gezond nano-aquarium.

Desinfectie

Desinfectiemethoden zoals UV-sterilisatoren en ozonisatie verminderen het aantal ziekteverwekkers in het water en voorkomen infecties.

Opgeloste zuurstof

Zuurstof is levensnoodzakelijk voor vissen en andere aquariumbewoners. Een voldoende zuurstofvoorziening van het water wordt verzekerd door beluchting en oppervlaktebeweging.

Organische belasting

De organische belasting verwijst naar de hoeveelheid organische stoffen in het aquarium, die ontstaan door voederesten, plantenresten en uitscheidingen van dieren. Een hoge organische belasting kan leiden tot een verslechtering van de waterkwaliteit.

Stikstofafval

Stikstofafval zoals ammoniak en nitriet zijn giftig voor aquariumbewoners. Ze ontstaan door de afbraak van organische stoffen en worden door de biologische filtratie omgezet in onschadelijk nitraat.

Nitraatniveaus in de tijd

Trend van de nitraatconcentratie in een nano-aquarium.

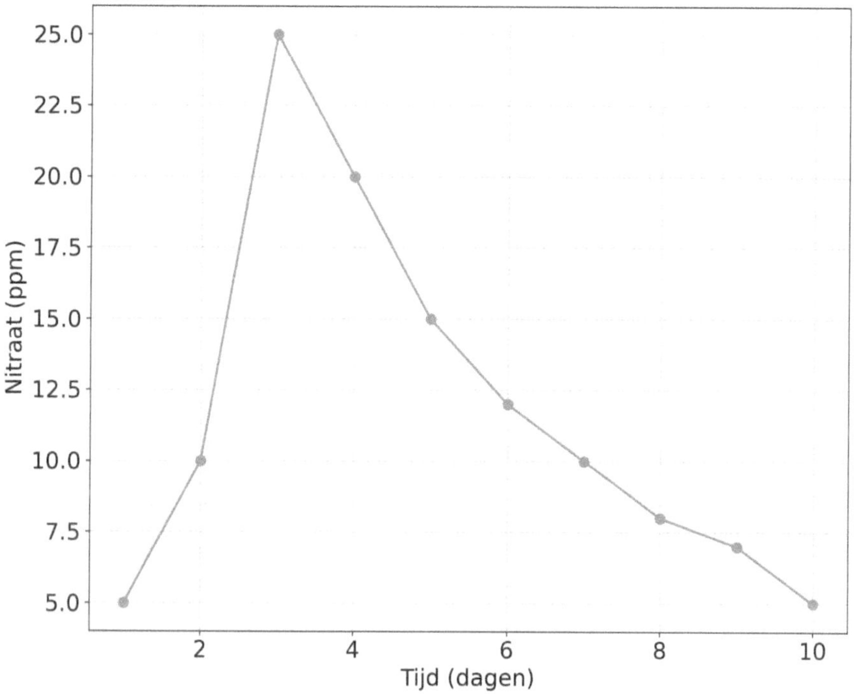

De aanvankelijke piek in nitraten suggereert een onbalans in de stikstofcyclus, waarschijnlijk als gevolg van een overvoeding of onvoldoende biologische filtratie. De daaropvolgende daling geeft aan dat het systeem zich begint te stabiliseren, mogelijk door verhoogde waterverversingen of verbeterde filtratie. Continue monitoring is cruciaal om ervoor te zorgen dat gezonde nitraatniveaus op lange termijn behouden blijven.

Waterhardheidsregeling

De waterhardheid, bepaald door de concentratie van calcium- en magnesiumionen, beïnvloedt niet alleen het welzijn van de aquariumbewoners, maar ook diverse chemische processen in het nano-aquarium. Er worden twee hardheidstypen onderscheiden: de tijdelijke carbonathardheid (KH), die door koken kan worden verminderd, en de permanente niet-carbonathardheid (GH). Voor aquariumbewoners is de GH cruciaal, omdat deze de celfunctie en het metabolisme beïnvloedt. Te lage GH-waarden kunnen leiden tot problemen bij de vervelling van ongewervelden en tot verstoorde osmoregulation bij vissen. Omgekeerd kan een te hoge GH de groei remmen en de voortplanting beïnvloeden. De KH daarentegen buffert de pH-waarde en stabiliseert deze tegen schommelingen. Een evenwichtige verhouding van beide hardheidsgraad is daarom essentieel voor een stabiele aquariumomgeving. Regelmatige metingen met druppeltests of elektronische meetapparatuur helpen om de actuele waarden te controleren. Als de GH buiten het optimale bereik voor de gehouden soorten ligt, kan deze door gerichte maatregelen worden aangepast. Zo verhoogt de toevoeging van speciale mineralen of stenen zoals kalksteen de GH, terwijl het gebruik van osmosewater of destilliertem_wasser deze verlaagt. Evenzo kan de KH worden verhoogd door de toevoeging van natriumhydrogencarbonaat. Een regelmatig gedeeltelijk waterverversing met overeenkomstig behandeld water draagt ook bij aan de stabilisatie van de waterhardheid. De optimale waterhardheid varieert afhankelijk van de aquariumbezetting. Terwijl sommige vissoorten, zoals bepaalde Zuid-Amerikaanse tetra's, zacht water verkiezen, hebben andere, zoals Oost-Afrikaanse cichliden, harder water nodig. [s60] In de context van nano-aquaria, waar het geringe watervolume sneller reageert op veranderingen, is een nauwkeurige controle van de waterhardheid bijzonder belangrijk. Een kosten-

batenanalyse kan helpen om de prioriteiten tussen de kosten voor waterbehandeling en de gezondheidsvoordelen voor de aquariumbewoners af te wegen. [s61] Zo kan bijvoorbeeld de aanschaf van een osmose-installatie voor de productie van zacht water weliswaar hogere kosten met zich meebrengen, maar op de lange termijn de gezondheid van gevoelige vissoorten bevorderen en de inspanning voor de behandeling van ziekten verminderen. De dagelijkse controle van de waterhardheid is vooral na onderhoudswerkzaamheden aan de waterbehandelingssystemen essentieel om potentiële problemen vroegtijdig te herkennen. [s62]

Magnesium [i43]

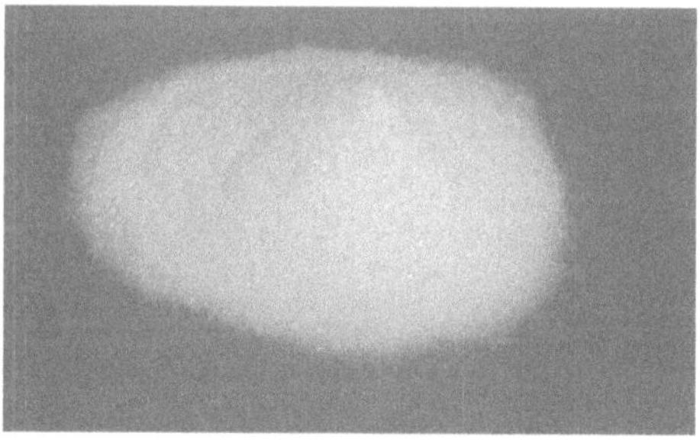

Natriumbicarbonaat [i44]

Goed om te weten

Natriumhydrogencarbonaat

Natriumhydrogencarbonaat, ook bekend als natron, kan in het nano-aquarium worden gebruikt om de carbonathardheid (KH) te verhogen en de pH-waarde te stabiliseren.

Waterparameters in Nano Aquaria

Verband tussen GH, KH, en pH in verschillende nano aquarium setups.

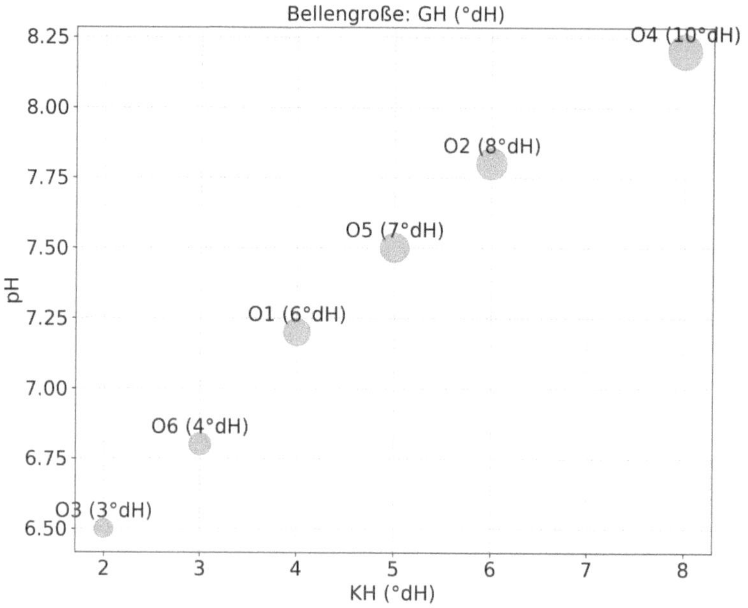

Blasengröße: GH (°dH)

O1: Opstelling 1: Garnalenaquarium

O2: Opstelling 2: Plantenaquarium

O3: Opstelling 3: Zacht Water Aquarium

O4: Opstelling 4: Hard Water Aquarium

O5: Opstelling 5: Gezellschapsaquarium

O6: Opstelling 6: Low Tech Aquarium

Over het algemeen correleren hogere KH waarden met een hogere pH, wat wijst op een sterke buffercapaciteit. Lage GH setups, zelfs met een gematigde KH, kunnen een lagere pH vertonen. Grotere bellengroottes vertegenwoordigen een hogere GH, wat suggereert dat er een potentieel verband is tussen het totale mineraalgehalte en de pH-stabiliteit. Sommige setups laten zien dat een gebalanceerde GH en KH cruciaal zijn voor het behouden van een stabiel en gewenst pH-bereik in een nano aquarium.

Nitraatbeheer

Nitraat, het eindproduct van de stikstofcyclus, hoopt zich snel op in nano-aquaria vanwege het geringe watervolume en kan schadelijk zijn voor de bewoners. Hoge nitraatwaarden bevorderen algengroei en kunnen vissen en ongewervelden stress bezorgen, hun vatbaarheid voor ziekten verhogen en zelfs tot de dood leiden. Effectief nitraatbeheer is gericht op het handhaven van de nitraatconcentratie binnen het optimale bereik. Regelmatige gedeeltelijke waterverversingen met nitraatarm water verdunnen de verontreinigingsconcentratie. Levend planten in het aquarium absorberen nitraat als voedingsstof en helpen zo de nitraatniveaus te verlagen. De hoeveelheid gebruikte planten moet worden afgestemd op de grootte van het aquarium en de bezetting om een effectieve nitraatreductie te waarborgen. Daarnaast kunnen speciale filtermedia zoals nitraatharsen of denitrificatiefilters worden gebruikt. Deze bieden een groot oppervlak voor bacteriën die nitraat omzetten in gasvormige stikstof, die uit het water ontsnapt. Net zoals onevenwichtige voedingsverhoudingen de groei van koralen kunnen belemmeren en hun skeletstructuur negatief kunnen beïnvloeden [s63], kan ook een onbalans in het nano-aquarium leiden tot problemen. Het vermijden van overvoeding en overbezetting minimaliseert de organische belasting, die de nitraatproductie aandrijft. Een evenwichtige

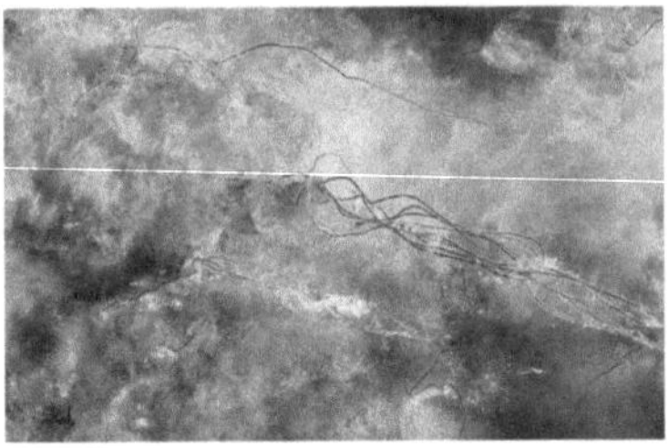

Algen [i45]

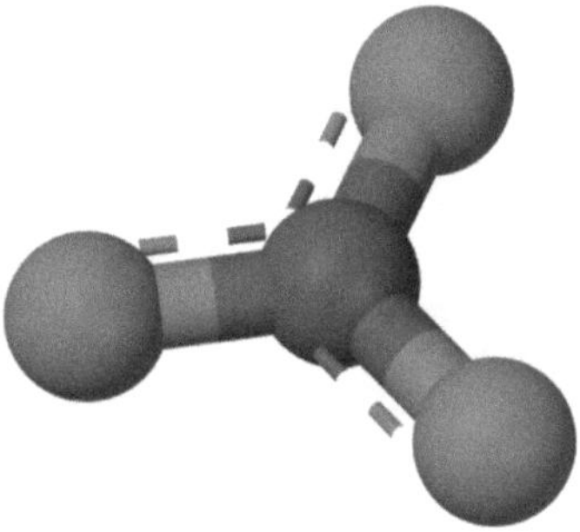

Nitraat [i46]

voeding met hoogwaardig voer vermindert de hoeveelheid ongebruikt voer dat tot nitraat wordt afgebroken. In het kleine

ecosysteem van een nano-aquarium is zorgvuldig beheer van de voedingsinvoer essentieel voor de balans en de gezondheid van de bewoners. Om de nitraatniveaus te controleren, moeten regelmatig wateranalyses worden uitgevoerd. Zo kan de effectiviteit van de maatregelen worden gecontroleerd en indien nodig worden aangepast. Een stabiele nitraatwaarde draagt aanzienlijk bij aan een gezond en bloeiend nano-aquarium.

Goed om te weten

Denitrificatiefilters

Denitrificatiefilters gebruiken bacteriën om nitraat om te zetten in gasvormige stikstof, die vervolgens uit het aquarium ontsnapt. Ze zijn een effectieve methode voor nitraatverwijdering, maar vereisen speciale voorwaarden voor de bacteriecultuur.

Overvoeding

Overvoeding leidt tot een verhoogde hoeveelheid organisch afval in het aquarium, dat door bacteriën wordt afgebroken en zo de nitraatproductie bevordert. Een aangepaste voeding is daarom belangrijk voor een goede waterkwaliteit.

Stikstofcyclus

De stikstofcyclus is een proces in het aquarium waarbij schadelijke stoffen zoals ammoniak worden omgezet in minder schadelijke stoffen zoals nitriet en uiteindelijk in nitraat. Een goed functionerende stikstofcyclus is essentieel voor een gezond nano-aquarium.

Wateranalyses

Wateranalyses maken regelmatige controle van de waterwaarden in het nano-aquarium mogelijk, inclusief het nitraatgehalte. Ze helpen om problemen vroegtijdig te herkennen en passende maatregelen te nemen.

Nitraatverminderingsstrategieën in nano-aquaria (12-35L)

Effectiviteit van nitraatbeheersingsmethoden

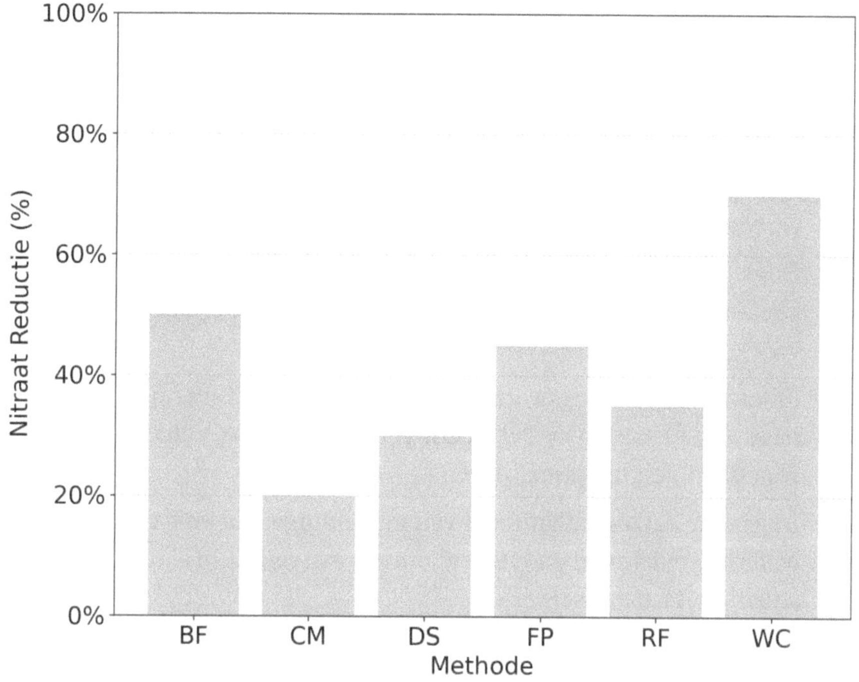

BF: Biologische filtratie

CM: Chemisch filtermedium (bijv. Purigen)

DS: Diep zandbed

FP: Snelgroeiende planten

RF: Refugium (met macroalgen)

WC: Waterverversingen (25%)

Regelmatige waterverversingen zijn cruciaal voor nitraatbeheersing en bieden een aanzienlijke reductie. Levende planten en adequate filtratie dragen ook aanzienlijk bij, terwijl gespecialiseerde filtermedia en chemische filtratie extra, maar minder impactvolle, nitraatreductie bieden. Het combineren van meerdere methoden levert de beste resultaten op voor het behouden van een optimale waterkwaliteit.

Concrete adviezen

- Gebruik zeoliet in het filter ter voorkoming van algenbloei om overtollige voedingsstoffen te binden.
- Zet doelgericht slakken of garnalen in die zich voeden met algen en zo bijdragen aan de natuurlijke reiniging van het aquarium.
- Gebruik een oxydator om het zuurstofgehalte in het water te verhogen en de zelfreinigende krachten van het aquarium te ondersteunen.
- Bouw een kleine plantenfilter in het aquarium om nitraat en fosfaat op natuurlijke wijze te verminderen en de waterkwaliteit te verbeteren.
- Oogst regelmatig snelgroeiende planten om overtollige voedingsstoffen uit het water te verwijderen en algen groei te voorkomen.
- Filter uw vervangingswater door een actieve koolfilter om ongewenste stoffen en verkleuringen te verwijderen en de waterkwaliteit te optimaliseren.
- Bepaal de carbonaathardheid van uw leidingwater en pas de waterbehandeling dienovereenkomstig aan om de pH-waarde in het aquarium te stabiliseren.
- Meet regelmatig de redoxwaarde in het aquarium om de biologische activiteit en de waterkwaliteit te beoordelen en indien nodig maatregelen te nemen.
- Neem een pauze tussen de voedingen om de vissen de kans te geven om voedselresten van de bodem te eten en de waterkwaliteit te sparen.
- Gebruik een speciale waterbehandelaar om chloor en zware metalen uit het leidingwater te verwijderen en de waterkwaliteit voor uw aquariumbewoners te verbeteren.
- Observeer de kleur en geur van het water om vroegtijdig tekenen van verslechtering van de waterkwaliteit te herkennen en tijdig te reageren.

5. 3 Ziektepreventie

Ziektepreventie in het nano-aquarium betekent het voorkomen van problemen en het behouden van de gezondheid van de vissen. Het omvat gedragsobservatie, quarantainemaatregelen en consequente hygiëne. Deze maatregelen minimaliseren het risico op infecties en dragen aanzienlijk bij aan het langdurige succes van het minibecken. Herken vroegtijdig tekenen van ziekten en handel preventief om ernstige problemen te vermijden. Een gezond aquarium begint met de juiste preventie. Lees verder om de noodzakelijke stappen in detail te leren kennen.

Vroegtijdige herkenning door regelmatige gedragsobservatie is de sleutel tot succesvolle ziektepreventie in het nano-aquarium.

Gedragsobservatie

Gedragsobservatie in het nano-aquarium biedt waardevolle inzichten in de gezondheidstoestand van de vissen en maakt vroegtijdige interventie bij problemen mogelijk. Het vermogen om normaal gedrag te identificeren, is de sleutel tot het herkennen van afwijkingen en dus potentiële welzijnsproblemen [s64]. Een gezonde vis vertoont soortspecifiek gedrag zoals actieve voedselopname, zwemmend plezier in het hele aquarium en normale interactie met soortgenoten. Veranderingen in het eetgedrag, zoals Apathie of overmatige hebzucht, kunnen wijzen op stress of ziekte [s64]. Ook een veranderende groepsdynamiek, zoals de isolatie van een vis of ongebruikelijke agressie, zou aanleiding moeten geven tot nadere inspectie [s64]. Naast negatieve indicatoren biedt observatie ook positieve aanwijzingen voor het welzijn: levendige kleuren, balzanggedrag of het verkennen van de omgeving signaleren gezonde en tevreden dieren [s64]. Regelmatige observaties – idealiter dagelijks op een vast tijdstip – helpen subtiele veranderingen vroegtijdig te herkennen en tegenmaatregelen te nemen voordat zich een ernstig probleem ontwikkelt [s64]. Ook in de professionele Aquacultuur wint geautomatiseerde gedragsobservatie aan belang [s65].

Systemen die zwemsnelheid en -diepte registreren, kunnen wijzen op subtiele stressreacties of veranderingen in het eetgedrag, nog voordat deze met het blote oog waarneembaar zijn [s65]. Lichtsensoren maken een kosteneffectieve en efficiënte monitoring mogelijk, die kan worden aangevuld met geautomatiseerde alarmen bij afwijkingen van de normale toestand [s65]. Deze technologie, oorspronkelijk ontwikkeld voor het optimaliseren van de voedselopname en groei, biedt ook de hobby-aquarianer potentieel voor verbeterde gezondheidszorg.

Aquacultuur [i47]

Baltsgedrag [i48]

Stress (Biologie) [i49]

Goed om te weten

Apathie

Lethargie en apathie bij vissen, die kan wijzen op ziekte of ongunstige wateromstandigheden in het nano-aquarium.

Aquacultuur

De gecontroleerde kweek en opfok van waterdieren, waarvan de technieken ook relevant kunnen zijn voor de gezondheidszorg in het nano-aquarium.

Gedragsopvallendheden

Frequentie van opvallendheden

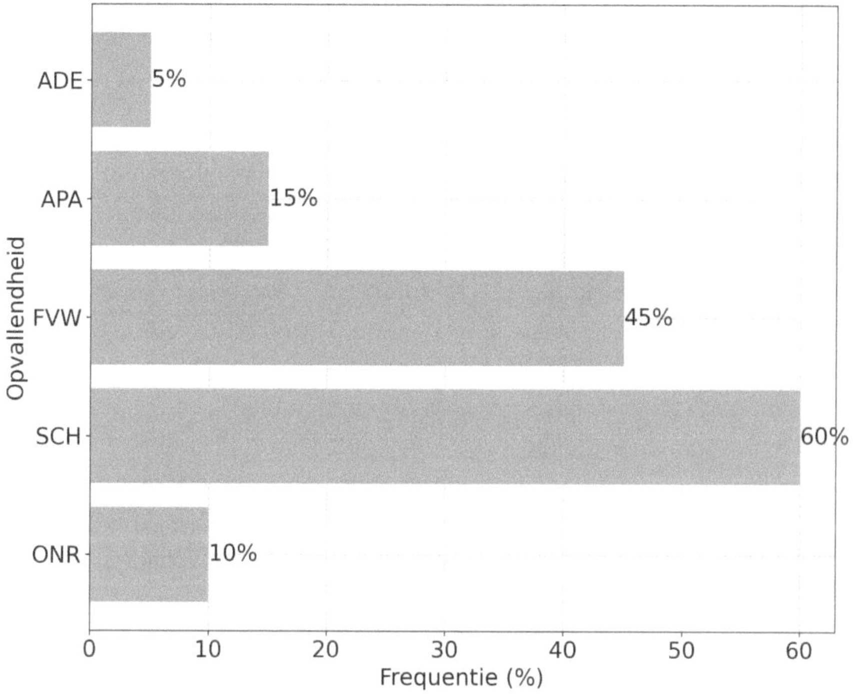

ADE: Ademnood

APA: Apathie

FVW: Fressverw.

ONR: Onrust

SCH: Schuren

Het diagram laat zien dat apathie het meest voorkomt, gevolgd door weigering om te eten. Schuren en ademnood komen aanzienlijk minder vaak voor, wat wijst op een lagere prevalentie van deze ernstigere symptomen. De lage frequentie van onrust duidt op over het algemeen stabiele wateromstandigheden.

Quarantaine maatregelen

Quarantaine is essentieel in het nano-aquarium om de overdracht van ziekten naar de bestaande vispopulatie te voorkomen. Nieuwe vissen, ongeacht hun afkomst, moeten eerst in een apart aquarium worden ondergebracht. Dit quarantaine-aquarium heeft een eigen, volledige uitrusting nodig, inclusief filter, verwarming en verlichting, om elk contact met het hoofd aquarium en de inrichting daarvan te vermijden. Een ruimtelijke scheiding van de aquaria, bij voorkeur in verschillende kamers, minimaliseert het risico op kruisbesmetting. De quarantaineperiode varieert, afhankelijk van de gezondheidstoestand en de afkomst van de dieren, tussen de 15 dagen en drie maanden. Gedurende deze tijd moeten de nieuwkomers nauwlettend worden geobserveerd. Gedragsveranderingen, zoals bijvoorbeeld verminderde eetlust, apathie of veranderde ademhaling, kunnen eerste tekenen van een ziekte zijn en vereisen verdere onderzoeken. Een ervaren aquarianer voert in deze periode ook gerichte diagnostische tests uit. Naast de observatie van de vissen is hygiëne tijdens de quarantaineperiode van groot belang. Handen moeten voor en na elk contact met het quarantaine-aquarium grondig worden gewassen om de overdracht van ziekteverwekkers te voorkomen. Ook het gebruik van uitsluitend voor de quarantaine bestemde apparatuur en de zorgvuldige reiniging en desinfectie na gebruik dragen bij aan de veiligheid. Na afloop van de quarantaine en bij een onberispelijke gezondheidstoestand kunnen de vissen naar het hoofd aquarium worden overgebracht. Ook na de integratie in het hoofd aquarium is het raadzaam om de vispopulatie continu te observeren om eventuele gezondheidsproblemen vroegtijdig te herkennen.

Goed om te weten

Desinfectie

De gerichte afbraak van ziekteverwekkers op oppervlakken en in apparatuur om de verspreiding van ziekten te voorkomen. In het nano-aquarium kunnen speciale, aquariumgeschikte desinfectiemiddelen worden gebruikt.

Diagnostische Tests

Specifieke onderzoeken, bijv. met teststrips of microscoop, om ziekteverwekkers of waterparameters te identificeren en de oorzaak van gezondheidsproblemen bij aquariumbewoners te bepalen.

Kruisbesmetting

De overdracht van ziekteverwekkers of verontreinigingen van het ene aquarium naar het andere, bijv. door gezamenlijk gebruik van apparatuur of water.

Quarantaine redenen in Nano Aquaria

Verdeling van quarantaine redenen voor nieuw vee in nano aquaria.

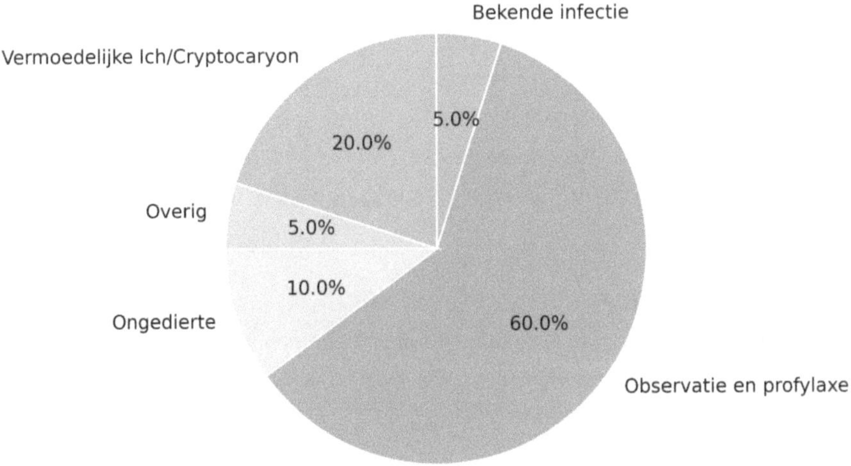

BIN: Bekende infectie (bijv. bacterieel, schimmel)

OBS: Observatie en profylaxe

ONG: Ongedierte (bijv. hydra, planaria)

OVR: Overig

VIC: Vermoedelijke Ich/Cryptocaryon

De meeste quarantaines worden uitgevoerd voor observatie en profylactische behandeling van veelvoorkomende ziekten zoals Ich, wat het belang van preventieve maatregelen benadrukt om de gevoelige nano aquariumomgeving te beschermen. Hoewel minder frequent, zijn gerichte behandelingen voor bekende infecties en plagen nog steeds cruciaal, wat de noodzaak aantoont voor zorgvuldige inkoop en inspectie van nieuwe toevoegingen. Het relatief lage percentage 'Overig' suggereert dat de meeste quarantaine redenen vallen onder de belangrijkste categorieën.

Hygiënemaatregelen

Hygiëne in het nano-aquarium omvat maatregelen voor het schoonhouden van het aquarium en het voorkomen van ziekteoverdracht. Schoonheid in het aquarium vermindert de kiembelasting en voorkomt infecties. Regelmatige deeltjestochten, ongeveer 10-20% wekelijks, verwijderen schadelijke stoffen en organische afzettingen. Zo blijft de waterkwaliteit stabiel en de vissen gezond. [s66] Het reinigen van de bodem met een slibzuiger voorkomt de ophoping van schadelijke stoffen en rottingsprocessen. Ook het schoonmaken van de ruiten en decoratieve elementen draagt bij aan de hygiëne. Hierbij moet gebruik worden gemaakt van aquariumveilige schoonmaakmiddelen om de gevoelige biologie van het aquarium niet te verstoren. Naast de hygiëne van het aquarium is de persoonlijke hygiëne van de aquarianer belangrijk. Voor en na elk contact met het aquarium moeten de handen grondig worden gewassen om de overdracht van ziekteverwekkers – zowel van mens op vis als omgekeerd – te voorkomen. [s66] Het gebruik van aparte apparatuur, zoals netten of slangen, voor het quarantaine-aquarium voorkomt ook de verspreiding van ziekteverwekkers naar het hoofd aquarium. De desinfektion van deze apparaten na gebruik, bijvoorbeeld door af te spoelen met kokend water, verhoogt de veiligheid verder. Het consequent naleven van deze hygiënemaatregelen minimaliseert het risico op ziekte-uitbraken en draagt aanzienlijk bij aan het welzijn van de bewoners van het aquarium.

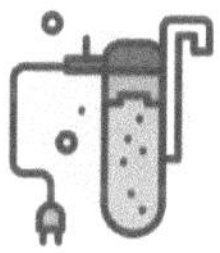

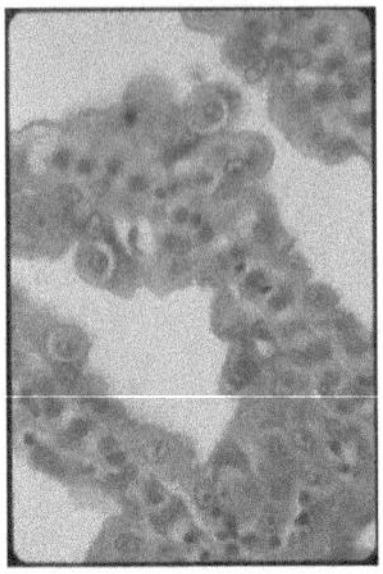

Ziekteverwekkers [i50]

Nano Aquarium Hygiëne Maatregelen

Tijd besteed aan hygiënetaken voor nano aquaria.

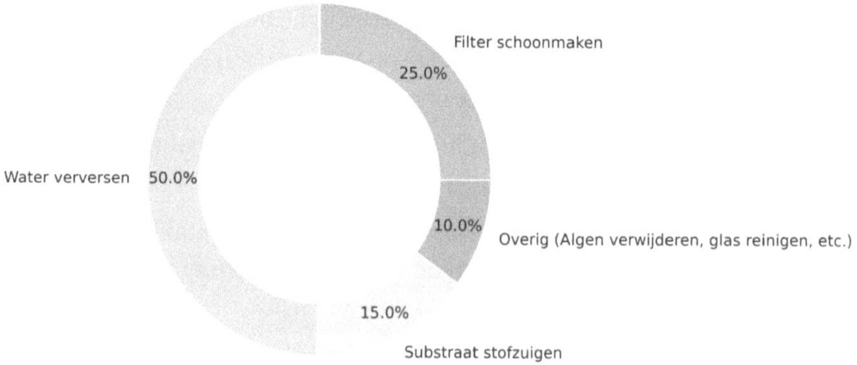

FSC: Filter schoonmaken

SST: Substraat stofzuigen

OVE: Overig (Algen verwijderen, glas reinigen, etc.)

WVE: Water verversen

Regelmatig water verversen is de meest tijdrovende hygiëne-taak voor nano aquaria, wat het belang ervan voor het behoud van de waterkwaliteit benadrukt. Hoewel minder frequent, vereisen filterreiniging en substraat stofzuigen nog steeds speciale tijd en mogen ze niet worden verwaarloosd. Andere taken, hoewel snel, dragen bij aan de algehele gezondheid en netheid van het nano aquarium ecosysteem.

Concrete adviezen

- Stel een 'vissenapotheek' samen met belangrijke waterbehandelingsmiddelen en gemakkelijk te doseren medicijnen, zodat u snel kunt reageren in geval van ziekte.
- Ontwikkel een vroegwaarschuwingssysteem voor ziekten: noteer dagelijks afwijkingen in het gedrag of uiterlijk van uw vissen om veranderingen vroegtijdig te herkennen.
- Versterk het immuunsysteem van uw vissen door een gevarieerde voeding met hoogwaardig voer en af en toe levend voer.
- Simuleer natuurlijke omgevingsomstandigheden, zoals seizoensgebonden temperatuurvariaties of regentijden, om de veerkracht van de vissen te bevorderen.
- Verkrijg een microscoop om huidafkrabsels of ontlastingsmonsters van uw vissen op parasieten of ziekteverwekkers te onderzoeken.
- Gebruik bladeren van de zee-amandelboom of elsentakken preventief in het aquarium om de bacteriële belasting te verminderen en het welzijn van de vissen te verhogen.
- Isoleren zieke vissen onmiddellijk in een quarantainebak om besmetting van de rest van de populatie te voorkomen.
- Onderzoek de typische ziekten van uw vissoorten, zodat u in geval van ziekte snel de juiste maatregelen kunt nemen.
- Bespreek met ervaren aquarianen of een dierenarts voor vissen om in geval van ziekte een tweede mening te krijgen.
- Voer na een behandeling een kuur uit met waterbehandelingsmiddelen die de darmflora van de vissen ondersteunen en de regeneratie bevorderen.
- Desinfecteer na een ziekte-uitbraak alle gebruikte apparatuur en de quarantainebak grondig om een nieuwe infectie te voorkomen.

Terugblik - 5. Probleemoplossing en Preventie

Een gezond en bloeiend nano-aquarium vereist een proactieve benadering van probleemoplossing en -preventie. In plaats van te reageren op acute problemen, moet u zich richten op preventieve maatregelen die op de lange termijn zorgen voor een stabiel ecosysteem. Dit begint met de zorgvuldige selectie van de bewoners en planten van het aquarium. Houd rekening met de compatibiliteit van de soorten en zorg voor een evenwichtige bezetting om overbevolking en stress te voorkomen. Richt uw nano-aquarium doordacht in: een voldoende dimensioneerde filter die zowel mechanische als biologische filtratie waarborgt, is essentieel. Snelgroeiende planten concurreren met algen om voedingsstoffen en dragen bij aan een gezonde watercyclus. De juiste belichtingstijd – niet te veel en niet te weinig – ondersteunt de plantengroei en remt tegelijkertijd overmatige algengroei.

Regelmatige verzorging is de kern van probleempreventie. Wekelijkse gedeeltelijke waterwisselingen, waarbij u ongeveer 10-20% van het water vervangt en de bodem afzuigt, verwijderen overtollige voedingsstoffen en voorkomen algengroei. Controleer regelmatig de waterparameters zoals temperatuur, pH, GH en KH en grijp tijdig in bij afwijkingen. Een spaarzame voeding van uw aquariumbewoners voorkomt dat overtollig voer op de bodem zakt en de waterkwaliteit belast. Houd er rekening mee dat in het kleine ecosysteem van een nano-aquarium al geringe hoeveelheden verontreinigende stoffen snel tot problemen kunnen leiden.

Mocht er ondanks alle voorzorgsmaatregelen toch een probleem optreden, dan is snel handelen vereist. Bij algengroei kunt u naast mechanische verwijdering met een schraper of borstel ook biologische helpers inzetten. Algenetende slakken, garnalen of bepaalde vissoorten kunnen de algengroei op natuurlijke wijze beheersen. Houd er echter rekening mee dat ook deze dieren bij de bestaande bezetting moeten passen en dat het aquarium niet overbevolkt mag worden. Bij ziekteverschijnselen bij uw vissen is het opzetten van een quarantainebak essentieel om verspreiding naar de gehele populatie te voorkomen. Observeer de dieren in de quarantainebak nauwlettend en raadpleeg bij twijfel een ervaren aquarianer of dierenarts.

De consequente naleving van hygiënemaatregelen rondt uw preventieplan af. Was uw handen voor en na elk contact met het aquarium en gebruik aparte apparatuur voor de quarantainebak. Let bij het reinigen van het aquarium op aquariumsafe schoonmaakmiddelen om het biologische evenwicht niet te verstoren. Hoewel de verzorging van een nano-aquarium tijd en aandacht vereist, zal het gezonde en kleurrijke leven in uw mini-biotop u daarvoor belonen. Met de juiste combinatie van preventieve maatregelen en gerichte oplossingen bij problemen creëert u een optimale omgeving waarin uw aquariumbewoners zich prettig voelen en waar u lange tijd plezier zult hebben van uw nano-aquarium.

Gratis extra aanbiedingen gepland

We zijn verheugd u in de toekomst gratis aanvullende materialen voor dit boek te kunnen aanbieden:

- Een exclusief bonushoofdstuk met extra inhoud
- Een compacte samenvatting van het hele boek in PDF-formaat
- Een hoorspelversie (In Planning)

De publicatie van deze materialen staat gepland voor 2025.
U bent van harte welkom om onze website vandaag al te bezoeken. Zodra onze nieuwsbriefservice start (verwacht in 2025), kunt u zich daar registreren voor updates en mist u geen nieuws over de gratis extra aanbiedingen.

www.SaageBooks.com/nl/
aquarium_nanoaquarium-bonus-EDXLSC

Beste lezers,

Wij voelen ons zeer vereerd dat u de tijd heeft genomen om ons boek van begin tot eind te lezen. Het is onze grootste wens om u waardevolle inzichten en praktische begeleiding te bieden. Uw vertrouwen in ons werk betekent veel voor ons. Wij hopen dat het lezen verrijkend voor u was. Als u vragen of suggesties heeft, neem dan gerust contact met ons op via onze website.

Als u dit boek heeft gewaardeerd, zouden wij een eerlijke recensie zeer op prijs stellen. U kunt uw eerlijke beoordeling eenvoudig achterlaten op het verkoopplatform waar u het boek heeft gekocht.
Bedankt voor uw steun!

Bendis Saage

Saage Media GmbH - Team

www.SaageBooks.com/nl

Ontdek meer! Onze uitgeverijwebsite biedt u een gevarieerde selectie van aanvullende boeken. Naast gratis content en exclusief bonusmateriaal vindt u er ook diepgaande informatie over onze werken. Blader door ons uitgebreide digitale aanbod en laat u inspireren door aanvullende leeservaringen.

www.SaageBooks.com/nl

Bronnen

Onze oprechte dank gaat uit naar alle auteurs van de geciteerde wetenschappelijke en niet-wetenschappelijke bronnen, de beheerders van de gerefereerde websites en de makers van de gebruikte afbeeldingen, grafieken en studies, wier waardevolle werk heeft bijgedragen aan de totstandkoming van dit boek.
Voor meer informatie raden wij u aan de bronwebsites te bezoeken.
Als u mapping fouten of andere inconsistenties ontdekt, neem dan contact met ons op.

Alle bronnen zijn voor het laatst geraadpleegd op: 2025-02-12

[s1] - https://pmc.ncbi.nlm.nih.gov/articles/PMC10819107/

Auteur:	Putu A Suriasni, Ferry Faizal, Wawan Hermawan, Ujang Subhan, Camellia Panatarani, I Made Joni	**Titel:**	IoT Water Quality Monitoring and Control System in Moving Bed Biofilm Reactor to Reduce Total Ammonia Nitrogen
door:	Padjadjaran University	**DOI:**	10.3390/s24020494
Datum:	2024 Jan 12	**Website:**	PMC
Uitgever:	MDPI		

[s2] - https://www.mdpi.com/2076-3298/10/11/188

Auteur:	Monika R. Snowdon, Robert F. L. Liang, Avneet Kaur, Erika A. Burton, Shasvat Rathod, Wenkai Fang, Hadi A. Dhiyebi, Leslie M. Bragg, Norman Y. Zhou, Mark R. Servos, Marina Freire-Gormaly	**Titel:**	Effects of Substituting Activated Carbon with Titanium-Dioxide-Coated Cenospheres in Conventional Aquarium Filters
door:	Multidisciplinary Digital Publishing Institute	**DOI:**	10.3390/environments10110188
Datum:	2023-10-31	**Website:**	MDPI
Uitgever:	Multidisciplinary Digital Publishing Institute		

[s3] - https://pmc.ncbi.nlm.nih.gov/articles/PMC3991973/

Auteur:	Natalia Villamizar, Luisa María Vera, Nicholas Simon Foulkes, Francisco Javier Sánchez-Vázquez	**Titel:**	Effect of Lighting Conditions on Zebrafish Growth and Development
DOI:	10.1089/zeb.2013.0926	**Datum:**	2014 Apr 1
Website:	PubMed Central (PMC)	**Uitgever:**	Zebrafish

[s4] - https://pubmed.ncbi.nlm.nih.gov/26835667/

Auteur:	Miralles V, Huerre A, Malloggi F, Jullien MC	**Titel:**	A Review of Heating and Temperature Control in Microfluidic Systems: Techniques and Applications
DOI:	10.3390/diagnostics3010033	**Datum:**	2013/01/15
Website:	PubMed	**Uitgever:**	Diagnostics (Basel, Switzerland)

[s5] - https://www.mdpi.com/2075-4418/3/1/33

Auteur:	Vincent Miralles, Axel Huerre, Florent Malloggi, Marie-Caroline Jullien	**Titel:**	A Review of Heating and Temperature Control in Microfluidic Systems: Techniques and Applications
door:	Multidisciplinary Digital Publishing Institute	**DOI:**	10.3390/diagnostics3010033
Datum:	2013-01-15	**Website:**	MDPI
Uitgever:	Multidisciplinary Digital Publishing Institute		

[s6] - https://pmc.ncbi.nlm.nih.gov/articles/PMC9102199/

Auteur:	Andre Fussy, Jutta Papenbrock	**Titel:**	An Overview of Soil and Soilless Cultivation Techniques—Chances, Challenges and the Neglected Question of Sustainability
door:	Leibniz University Hannover	**DOI:**	10.3390/plants11091153
Datum:	2022 Apr 24	**Website:**	PubMed Central (PMC)
Uitgever:	Plants		

[s7] - https://www.mdpi.com/1999-4907/14/2/414

Auteur:	Domagoj Mamić, Danijela Domljan	**Titel:**	Design of Decorative Wooden Wall Panels from Sliced Pedunculate Slavonian Oak (Quercus robur L.) from Veneer Production Residue
door:	Multidisciplinary Digital Publishing Institute	**DOI:**	10.3390/f14020414
Datum:	2023-02-17	**Website:**	mdpi.com
Uitgever:	Multidisciplinary Digital Publishing Institute		

[s8] - https://pmc.ncbi.nlm.nih.gov/articles/PMC9668571/

Auteur:	Weihua Zou, Zimu Li, Delin Sun	**Titel:**	The teaching content of Shanghai style furniture design for Chinese art design speciality
door:	Central South University of Forestry and Technology	**DOI:**	10.1016/j.heliyon.2022.e11627
Datum:	2022 Nov 14	**Website:**	PubMed Central (PMC)
Uitgever:	Heliyon		

[s9] - https://www.mdpi.com/2673-7248/3/1/2

Auteur:	Ryoga Miyauchi, Xiaoxiao Zhou, Yuki Inoue	**Titel:**	Design Elements That Increase the Willingness to Pay for Denim Fabric Products
door:	Multidisciplinary Digital Publishing Institute	**DOI:**	10.3390/textiles3010002
Datum:	2023-01-05	**Website:**	MDPI
Uitgever:	Multidisciplinary Digital Publishing Institute		

[s10] - https://www.mdpi.com/2071-1050/13/20/11236
Auteur: Mohd Naqib Azfar Mohd Roslan, Abentin Estim, Balu Alagar Venmathi Maran, Saleem Mustafa
Titel: Effects of Aquatic Plants on Nutrient Concentration in Water and Growth Performance of Fantail Goldfish in an Aquaculture System
door: Multidisciplinary Digital Publishing Institute
DOI: 10.3390/su132011236
Datum: 2021-10-12
Website: mdpi.com
Uitgever: Multidisciplinary Digital Publishing Institute

[s11] - https://www.mdpi.com/2076-3417/10/8/2712
Auteur: Nurul Umairah Mohd Nizam, Marlia Mohd Hanafiah, Izzati Mohd Noor, Hazwani Izzati Abd Karim
Titel: Efficiency of Five Selected Aquatic Plants in Phytoremediation of Aquaculture Wastewater
door: Multidisciplinary Digital Publishing Institute
DOI: 10.3390/app10082712
Datum: 2020-04-14
Website: MDPI
Uitgever: Multidisciplinary Digital Publishing Institute

[s12] - https://www.mdpi.com/2223-7747/12/1/207
Auteur: Simona Ceschin, Flaminia Mariani, Dario Di Lernia, Iole Venditti, Emanuele Pelella, Maria Adelaide Iannelli
Titel: Effects of Microplastic Contamination on the Aquatic Plant Lemna minuta (Least Duckweed)
door: Multidisciplinary Digital Publishing Institute
DOI: 10.3390/plants12010207
Datum: 2023-01-03
Website: mdpi.com
Uitgever: Multidisciplinary Digital Publishing Institute

[s13] - https://www.mdpi.com/2073-4425/13/11/2043
Auteur: Li Li, Changkun Liu, Kunpeng Hou, Wenzhe Liu
Titel: Comparative Analyses of Plastomes of Four Anubias (Araceae) Taxa, Tropical Aquatic Plants Endemic to Africa
door: Multidisciplinary Digital Publishing Institute
DOI: 10.3390/genes13112043
Datum: 2022-11-05
Website: MDPI
Uitgever: Multidisciplinary Digital Publishing Institute

[s14] - https://pmc.ncbi.nlm.nih.gov/articles/PMC3916945/
Auteur: Avdesh Avdesh, Mengqi Chen, Mathew T Martin-Iverson, Alinda Mondal, Daniel Ong, Stephanie Rainey-Smith, Kevin Taddei, Michael Lardelli, David M Groth, Giuseppe Verdile, Ralph N Martins
Titel: Regular Care and Maintenance of a Zebrafish (Danio rerio) Laboratory: An Introduction
door: PubMed Central (PMC)
DOI: 10.3791/4196
Datum: 2012 Nov 18
Website: PMC
Uitgever: Journal of Visualized Experiments : JoVE

[s15] - https://pmc.ncbi.nlm.nih.gov/articles/PMC4521404/

Auteur:	Christian Lawrence, Timothy Mason	**Titel:**	Zebrafish Housing Systems: A Review of Basic Operating Principles and Considerations for Design and Functionality
door:	Boston Children's Hospital; Institute of Neuroscience, University of Oregon	**DOI:**	10.1093/ilar.53.2.179
Datum:	2012	**Website:**	PubMed Central (PMC)
Uitgever:	ILAR journal / National Research Council, Institute of Laboratory Animal Resources		

[s16] - https://www.ncbi.nlm.nih.gov/books/NBK500413/

Auteur:	Christian Lawrence, George E. Sanders, Carole Wilson	**Titel:**	Aquatics - Management of Animal Care and Use Programs in Research, Education, and Testing - NCBI Bookshelf
door:	National Center for Biotechnology Information (NCBI)	**DOI:**	10.1201/9781315152189-24
Datum:	2018	**Website:**	NCBI Bookshelf
Uitgever:	CRC Press/Taylor & Francis		

[s17] - https://pmc.ncbi.nlm.nih.gov/articles/PMC6421069/

Auteur:	Sean McNamara, Marcin Wlizla, Marko E Horb	**Titel:**	Husbandry, general care, and transportation of Xenopus laevis and Xenopus tropicalis
door:	National Xenopus Resource, Marine Biological Laboratory, Woods Hole, MA, USA	**DOI:**	10.1007/978-1-4939-8784-9_1
Datum:	2018	**Website:**	PubMed Central (PMC)

[s18] - https://pmc.ncbi.nlm.nih.gov/articles/PMC10732328/

Auteur:	Kamalapriya V, Rekha Mani, Vijay Venkatesh, Seetha Kunhikannan, Shyam Ganesh V	**Titel:**	The Role of Low Mineral Water Consumption in Reducing the Mineral Density of Bones and Teeth: A Narrative Review
door:	SRM Kattankulathur Dental College and Hospital; ICON Clinical Research Organisation	**DOI:**	10.7759/cureus.49119
Datum:	2023 Nov 20	**Website:**	PubMed Central (PMC)
Uitgever:	Cureus		

[s19] - https://pmc.ncbi.nlm.nih.gov/articles/PMC3117238/

Auteur:	Anthony J Siccardi, III, Steve Padgett-Vasquez, Heath W Garris, Tim R Nagy, Louis R D'Abramo, Stephen A Watts	**Titel:**	Dietary Strontium Increases Bone Mineral Density in Intact Zebrafish (Danio rerio): A Potential Model System for Bone Research
door:	University of Alabama at Birmingham; Mississippi State University	**DOI:**	10.1089/zeb.2010.0654
Datum:	2010 Sep	**Website:**	PubMed Central (PMC)
Uitgever:	Zebrafish		

[s20] - https://www.mdpi.com/2673-9410/2/1/9

Auteur:	Hanan Al-Adilah, Martin C. Feiters, Lucy J. Carpenter, Puja Kumari, Carl J. Carrano, Dhia Al-Bader, Frithjof C. Küpper	**Titel:**	Halogens in Seaweeds: Biological and Environmental Significance
door:	Multidisciplinary Digital Publishing Institute	**DOI:**	10.3390/phycology2010009
Datum:	2022-02-18	**Website:**	MDPI
Uitgever:	Multidisciplinary Digital Publishing Institute		

[s21] - https://pmc.ncbi.nlm.nih.gov/articles/PMC10649180/

Auteur:	Gregory A Lewbart, Trevor T Zachariah	**Titel:**	Aquatic and Terrestrial Invertebrate Welfare
door:	NC State University, Brevard Zoo|Sea Turtle Healing Center	**DOI:**	10.3390/ani13213375
Datum:	2023 Oct 31	**Website:**	PubMed Central (PMC)
Uitgever:	MDPI		

[s22] - https://pmc.ncbi.nlm.nih.gov/articles/PMC7152310/

Auteur:	David A Warrell	**Titel:**	Animals Hazardous to Humans
door:	National Center for Biotechnology Information (NCBI)	**DOI:**	10.1016/B978-1-4160-4390-4.00134-X
Datum:	2012 Nov 28	**Website:**	PubMed Central (PMC)
Uitgever:	Hunter's Tropical Medicine and Emerging Infectious Disease		

[s23] - https://pmc.ncbi.nlm.nih.gov/articles/PMC8750641/

Auteur:	Luigi Colin, Daniel Abed-Navandi, Dalia A Conde, Jamie Craggs, Rita da Silva, Max Janse, Björn Källström, Alexander Pearce-Kelly, Chris Yesson	**Titel:**	What's left in the tank? Identification of non-ascribed aquarium's coral collections with DNA barcodes as part of an integrated diagnostic approach
DOI:	10.1007/s12686-021-01250-3	**Datum:**	2022 Jan 11
Website:	PubMed Central (PMC)	**Uitgever:**	Springer Science and Business Media LLC

[s24] - https://pmc.ncbi.nlm.nih.gov/articles/PMC7695302/

Auteur:	Christina Ripken, Konstantin Khalturin, Eiichi Shoguchi	**Titel:**	Response of Coral Reef Dinoflagellates to Nanoplastics under Experimental Conditions Suggests Downregulation of Cellular Metabolism
door:	Okinawa Institute of Science and Technology Graduate University	**DOI:**	10.3390/microorganisms8111759
Datum:	2020 Nov 9	**Website:**	PubMed Central (PMC)
Uitgever:	MDPI		

[s25] - https://pmc.ncbi.nlm.nih.gov/articles/PMC3088407/

Auteur:	Elli Slaughter, Richard M Gersberg, Kayo Watanabe, John Rudolph, Chris Stransky, Thomas E Novotny	**Titel:**	Toxicity of cigarette butts, and their chemical components, to marine and freshwater fish
door:	San Diego State University, Nautilus Environmental	**DOI:**	10.1136/tc.2010.040170
Datum:	2011 May	**Website:**	PubMed Central (PMC)
Uitgever:	Tobacco Control		

[s26] - https://pmc.ncbi.nlm.nih.gov/articles/PMC9819327/

Auteur:	Leonardo Alberghini, Alessandro Truant, Serena Santonicola, Giampaolo Colavita, Valerio Giaccone	**Titel:**	Microplastics in Fish and Fishery Products and Risks for Human Health: A Review
door:	University of Padova; University of Molise	**DOI:**	10.3390/ijerph20010789
Datum:	2022 Dec 31	**Website:**	PubMed Central (PMC)
Uitgever:	International Journal of Environmental Research and Public Health		

[s27] - https://pmc.ncbi.nlm.nih.gov/articles/PMC9205308/

Auteur:	Natalia Zolotova, Anna Kosyreva, Dzhuliia Dzhalilova, Nikolai Fokichev, Olga Makarova	**Titel:**	Harmful effects of the microplastic pollution on animal health: a literature review
door:	PMC (PubMed Central)	**DOI:**	10.7717/peerj.13503
Datum:	2022 Jun 14	**Website:**	pmc.ncbi.nlm.nih.gov
Uitgever:	PeerJ		

[s28] - https://pmc.ncbi.nlm.nih.gov/articles/PMC4180258/

Auteur:	Annette Taugbøl, Tina Arntsen, Kjartan Østbye, Leif Asbjørn Vø llestad	**Titel:**	Small Changes in Gene Expression of Targeted Osmoregulatory Genes When Exposing Marine and Freshwater Threespine Stickleback (Gasterosteus aculeatus) to Abrupt Salinity Transfers
door:	University of Oslo, Hedmark University College	**DOI:**	10.1371/journal.pone.0106894
Datum:	2014 Sep 29	**Website:**	PubMed Central (PMC)
Uitgever:	PLoS ONE		

[s29] - https://pubmed.ncbi.nlm.nih.gov/19454313/

Auteur:	Bodnar AG	**Titel:**	Marine invertebrates as models for aging research
DOI:	10.1016/j.exger.2009.05.001	**Datum:**	2009 Aug
Website:	PubMed	**Uitgever:**	Exp Gerontol

[s30] - https://www.mdpi.com/2673-5636/4/1/11

Auteur:	Arabella E. Graves, Jemma E. Dias, Christopher J. Michaels	**Titel:**	Effects of Background Color on Stress-Linked Behavior in the Critically Endangered Lake Oku Clawed Frog (Xenopus longipes)
door:	Multidisciplinary Digital Publishing Institute	**DOI:**	10.3390/jzbg4010011
Datum:	2023-02-02	**Website:**	mdpi.com
Uitgever:	Multidisciplinary Digital Publishing Institute		

[s31] - https://pmc.ncbi.nlm.nih.gov/articles/PMC6039869/

Auteur:	R Woodbridge, MP Sullivan, E Harding, S Crutch, KJ Gilhooly, MLM Gilhooly, A McIntyre, L Wilson	**Titel:**	Use of the physical environment to support everyday activities for people with dementia: A systematic review
door:	Brunel University, UK; University College, UK	**DOI:**	10.1177/1471301216648670
Datum:	2016 Aug 4	**Website:**	PubMed Central (PMC)
Uitgever:	SAGE Publications		

[s32] - https://www.mdpi.com/1424-2818/13/10/465

Auteur:	Courtney E. Stuart, Lisa M. Wedding, Simon J. Pittman, Stephanie J. Green	**Titel:**	Habitat Suitability Modeling to Inform Seascape Connectivity Conservation and Management
door:	Multidisciplinary Digital Publishing Institute	**DOI:**	10.3390/d13100465
Datum:	2021-09-26	**Website:**	MDPI
Uitgever:	Multidisciplinary Digital Publishing Institute		

[s33] - https://www.mdpi.com/2073-4360/13/4/594

Auteur:	Pavel Brdlík, Martin Borůvka, Luboš Běhálek, Petr Lenfeld	**Titel:**	Biodegradation of Poly(Lactic Acid) Biocomposites under Controlled Composting Conditions and Freshwater Biotope
door:	Multidisciplinary Digital Publishing Institute	**DOI:**	10.3390/polym13040594
Datum:	2021-02-16	**Website:**	MDPI
Uitgever:	Multidisciplinary Digital Publishing Institute		

[s34] - https://journals.plos.org/plosone/article?id=10.1371/journal.pone.0278877

Auteur:	Zhigang Li, Jiaxing Zhu	**Titel:**	Assessment and spatial partitioning of ecosystem services importance in Giant Panda National Park: To provide targeted ecological protection
DOI:	10.1371/journal.pone.0278877	**Datum:**	Dec 9, 2022
Website:	PLOS ONE	**Uitgever:**	Public Library of Science

[s35] - https://www.mdpi.com/1424-8220/20/13/3742

Auteur:	Alia Ghaddar, Ahmad Merei, Enrico Natalizio	**Titel:**	PPS: Energy-Aware Grid-Based Coverage Path Planning for UAVs Using Area Partitioning in the Presence of NFZs
door:	Multidisciplinary Digital Publishing Institute	**DOI:**	10.3390/s20133742
Datum:	2020-07-03	**Website:**	MDPI
Uitgever:	Multidisciplinary Digital Publishing Institute		

[s36] - https://pmc.ncbi.nlm.nih.gov/articles/PMC6663029/

Auteur:	Heather Clements, Stephanie Valentin, Nicholas Jenkins, Jean Rankin, Julien S Baker, Nancy Gee, Donna Snellgrove, Katherine Sloman	**Titel:**	The effects of interacting with fish in aquariums on human health and well-being: A systematic review
door:	University of the West of Scotland, WALTHAM Centre for Pet Nutrition, State University of New York	**DOI:**	10.1371/journal.pone.0220524
Datum:	2019 Jul 29	**Website:**	PubMed Central (PMC)
Uitgever:	PLoS ONE		

[s37] - https://doi.org/10.47982/cgc.8.409

Auteur:	Catie Newell, Ryan Craney	**Titel:**	Color Depth
door:	University of Michigan	**DOI:**	10.47982/cgc.8.409
Datum:	2022-06-20	**Website:**	Challenging Glass Conference Proceedings

[s38] - https://pubmed.ncbi.nlm.nih.gov/19878820/

Auteur:	Rocha KM; Vabre L; Krueger RR	**Titel:**	Expanding depth of focus by modifying higher-order aberrations induced by an adaptive optics visual simulator
door:	National Center for Biotechnology Information (NCBI)	**DOI:**	10.1016/j.jcrs.2009.05.059
Datum:	2009 Nov	**Website:**	PubMed
Uitgever:	J Cataract Refract Surg		

[s39] - https://pubmed.ncbi.nlm.nih.gov/15743612/

Auteur:	Frederick A A Kingdom, Sohil Rangwala, Karim Hammamji	**Titel:**	Chromatic properties of the colour-shading effect
DOI:	10.1016/j.visres.2004.11.023	**Datum:**	2005 May
Website:	PubMed	**Uitgever:**	Vision Res

[s40] - https://pmc.ncbi.nlm.nih.gov/articles/PMC6579845/

Auteur:	Francisco Javier Sánchez-Vázquez, Jose Fernando López-Olmeda, Luisa Maria Vera, Herve Migaud, Marcos Antonio López-Patiño, Jesús M Mí guez	**Titel:**	Environmental Cycles, Melatonin, and Circadian Control of Stress Response in Fish
door:	University of Murcia; University of Stirling; University of Vigo	**DOI:**	10.3389/fendo.2019.00279
Datum:	2019 Jun 11	**Website:**	PubMed Central (PMC)
Uitgever:	Frontiers in Endocrinology		

[s41] - https://pmc.ncbi.nlm.nih.gov/articles/PMC9640449/

Auteur:	Mohamed E Abd El-Hack, Mohamed T El-Saadony, Maha M Nader, Heba M Salem, Amira M El-Tahan, Soliman M Soliman, Asmaa F Khafaga	**Titel:**	Effect of environmental factors on growth performance of Nile tilapia (Oreochromis niloticus)
DOI:	10.1007/s00484-022-02347-6	**Datum:**	2022 Aug 31
Website:	PubMed Central (PMC)	**Uitgever:**	International Journal of Biometeorology

[s42] - https://pmc.ncbi.nlm.nih.gov/articles/PMC3916945/

Auteur:	Avdesh Avdesh, Mengqi Chen, Mathew T Martin-Iverson, Alinda Mondal, Daniel Ong, Stephanie Rainey-Smith, Kevin Taddei, Michael Lardelli, David M Groth, Giuseppe Verdile, Ralph N Martins	**Titel:**	Regular Care and Maintenance of a Zebrafish (Danio rerio) Laboratory: An Introduction
DOI:	10.3791/4196	**Datum:**	2012 Nov 18
Website:	PubMed Central (PMC)	**Uitgever:**	Journal of Visualized Experiments : JoVE

[s43] - https://pmc.ncbi.nlm.nih.gov/articles/PMC7678922/

Auteur:	Helene Volkoff, Ivar Rønnestad	**Titel:**	Effects of temperature on feeding and digestive processes in fish
door:	National Library of Medicine (NLM), National Institutes of Health (NIH)	**DOI:**	10.1080/23328940.2020.1765950
Datum:	2020 May 18	**Website:**	PubMed Central (PMC)
Uitgever:	Temperature: Multidisciplinary Biomedical Journal		

[s44] - https://pmc.ncbi.nlm.nih.gov/articles/PMC4472382/

Auteur:	Louise Maranda, May Lau, Sunita M Stewart, Olga T Gupta	**Titel:**	A Novel Behavioral Intervention in Adolescents with Type 1 Diabetes Mellitus Improves Glycemic Control: Preliminary Results from a Pilot Randomized Control Trial
door:	University of Massachusetts Medical School; University of Texas Southwestern Medical Center	**DOI:**	10.1177/0145721714567235
Datum:	2015 Jan 22	**Website:**	PubMed Central (PMC)
Uitgever:	The Diabetes educator		

[s45] - https://pmc.ncbi.nlm.nih.gov/articles/PMC7301644/

Auteur:	Peter Aleström, Livia D'Angelo, Paul J Midtlyng, Daniel F Schorderet, Stefan Schulte-Merker, Frederic Sohm, Susan Warner	**Titel:**	Zebrafish: Housing and husbandry recommendations
DOI:	10.1177/0023677219869037	**Datum:**	2019 Sep 11
Website:	PubMed Central (PMC)	**Uitgever:**	Laboratory Animals

[s46] - https://pmc.ncbi.nlm.nih.gov/articles/PMC6936768/

Auteur:	Alena Norton, Kitt F Franse, Tierney Daw, Latanya Gordon, Peter F Vitiello, Mary D Kinkel	**Titel:**	Larval Rearing Methods for Small-scale Production of Healthy Zebrafish
door:	Appalachian State University; Sanford Research	**Datum:**	2019
Website:	PubMed Central (PMC)	**Uitgever:**	Eastern biologist

[s47] - https://pmc.ncbi.nlm.nih.gov/articles/PMC9334006/

Auteur:	Madison R Lichak, Joshua R Barber, Young Mi Kwon, Kerel X Francis, Andres Bendesky	**Titel:**	Care and Use of Siamese Fighting Fish (Betta splendens) for Research
DOI:	10.30802/AALAS-CM-22-000051	**Datum:**	2022 Jun
Website:	PubMed Central (PMC)	**Uitgever:**	Comparative Medicine

[s48] - https://pmc.ncbi.nlm.nih.gov/articles/PMC3916945/

Auteur:	Avdesh Avdesh, Mengqi Chen, Mathew T Martin-Iverson, Alinda Mondal, Daniel Ong, Stephanie Rainey-Smith, Kevin Taddei, Michael Lardelli, David M Groth, Giuseppe Verdile, Ralph N Martins	**Titel:**	Regular Care and Maintenance of a Zebrafish (Danio rerio) Laboratory: An Introduction
DOI:	10.3791/4196	**Datum:**	2012 Nov 18
Website:	PubMed Central (PMC)	**Uitgever:**	Journal of Visualized Experiments : JoVE

[s49] - https://pmc.ncbi.nlm.nih.gov/articles/PMC10375971/

Auteur:	Sabrina Brando, Max Norman	**Titel:**	Handling and Training of Wild Animals: Evidence and Ethics-Based Approaches and Best Practices in the Modern Zoo
door:	AnimalConcepts	**DOI:**	10.3390/ani13142247
Datum:	2023 Jul 9	**Website:**	PubMed Central (PMC)
Uitgever:	MDPI		

[s50] - https://www.mdpi.com/2076-2615/12/19/2679

Auteur:	Myriam Vanderzwalmen, Daniel Sá nchez Lacalle, Priyadarshini Tamilselvan, Jason McNeill, Dorine Delieuvin, Khadidja Behlouli, Andrew Hursthouse, Iain McLellan, Mhairi E. Alexander, Fiona L. Henriquez, Donna Snellgrove, Katherine A. Sloman	**Titel:**	The Effect of Substrate on Water Quality in Ornamental Fish Tanks
door:	Multidisciplinary Digital Publishing Institute	**DOI:**	10.3390/ani12192679
Datum:	2022-10-05	**Website:**	MDPI
Uitgever:	Multidisciplinary Digital Publishing Institute		

[s51] - https://pmc.ncbi.nlm.nih.gov/articles/PMC3916945/

Auteur:	Avdesh Avdesh, Mengqi Chen, Mathew T Martin-Iverson, Alinda Mondal, Daniel Ong, Stephanie Rainey-Smith, Kevin Taddei, Michael Lardelli, David M Groth, Giuseppe Verdile, Ralph N Martins	**Titel:**	Regular Care and Maintenance of a Zebrafish (Danio rerio) Laboratory: An Introduction
DOI:	10.3791/4196	**Datum:**	2012 Nov 18
Website:	PubMed Central (PMC)	**Uitgever:**	Journal of Visualized Experiments : JoVE

[s52] - https://pmc.ncbi.nlm.nih.gov/articles/PMC8528056/

Auteur:	Ciku Mathenge, Yadav Ganesh Prasad	**Titel:**	Cleaning the operating theatre
door:	University of Rwanda, Dr Agarwal's Group of Eye Hospitals	**Datum:**	2021 Jul 20
Website:	PubMed Central (PMC)	**Uitgever:**	Community Eye Health

[s53] - https://pmc.ncbi.nlm.nih.gov/articles/PMC3916945/

Auteur:	Avdesh Avdesh, Mengqi Chen, Mathew T Martin-Iverson, Alinda Mondal, Daniel Ong, Stephanie Rainey-Smith, Kevin Taddei, Michael Lardelli, David M Groth, Giuseppe Verdile, Ralph N Martins	**Titel:**	Regular Care and Maintenance of a Zebrafish (Danio rerio) Laboratory: An Introduction
DOI:	10.3791/4196	**Datum:**	2012 Nov 18
Website:	PubMed Central (PMC)	**Uitgever:**	Journal of Visualized Experiments : JoVE

[s54] - https://pmc.ncbi.nlm.nih.gov/articles/PMC7121614/

Auteur:	Ishrat Bashir, F A Lone, Rouf Ahmad Bhat, Shafat A Mir, Zubair A Dar, Shakeel Ahmad Dar	**Titel:**	Concerns and Threats of Contamination on Aquatic Ecosystems
door:	Sher-e-Kashmir University of Agricultural Sciences and Technology, Jammu	**DOI:**	10.1007/978-3-030-35691-0_1
Datum:	2020 Jan 27	**Website:**	PMC

[s55] - https://pmc.ncbi.nlm.nih.gov/articles/PMC7498764/

Auteur: Norulhuda Mohamed Ramli, J A J Verreth, Fatimah M Yusoff, K Nurulhuda, N Nagao, Marc C J Verdegem
Titel: Integration of Algae to Improve Nitrogenous Waste Management in Recirculating Aquaculture Systems: A Review
door: Aquaculture and Fisheries Group, Wageningen University & Research; Department of Biological and Agricultural Engineering, Faculty of Engineering, Universiti Putra Malaysia; International Institute of Aquaculture and Aquatic Sciences, Universiti Putra Malaysia; Department of Aquaculture, Faculty of Agriculture, Universiti Putra Malaysia; Bluescientific Shinkamigoto Co. Ltd.
DOI: 10.3389/fbioe.2020.01004
Datum: 2020 Sep 4
Website: PMC (PubMed Central)
Uitgever: Frontiers in Bioengineering and Biotechnology

[s56] - https://pmc.ncbi.nlm.nih.gov/articles/PMC9046449/

Auteur: Hao-Ren Feng, Jian-An Wang, Liang Wang, Jia-Mei Jin, Shu-Wen Wu, Charles-C Zhou
Titel: Study on a novel omnidirectional ultrasonic cavitation removal system for Microcystis aeruginosa
door: Nanjing University of Aeronautics and Astronautics; AVIC Taiyuan Aero-Instruments Co., Ltd.; Zhejiang Refine Environmental Technology, Corp. Ltd.
DOI: 10.1016/j.ultsonch.2022.106008
Datum: 2022 Apr 20
Website: PMC (PubMed Central)
Uitgever: Ultrasonics Sonochemistry

[s57] - https://pmc.ncbi.nlm.nih.gov/articles/PMC8306311/

Auteur: Assaf Sukenik, Aaron Kaplan
Titel: Cyanobacterial Harmful Algal Blooms in Aquatic Ecosystems: A Comprehensive Outlook on Current and Emerging Mitigation and Control Approaches
DOI: 10.3390/microorganisms9071472
Datum: 2021 Jul 9
Website: PubMed Central (PMC)
Uitgever: MDPI

[s58] - https://pmc.ncbi.nlm.nih.gov/articles/PMC4521404/

Auteur: Christian Lawrence, Timothy Mason
Titel: Zebrafish Housing Systems: A Review of Basic Operating Principles and Considerations for Design and Functionality
DOI: 10.1093/ilar.53.2.179
Datum: 2012
Website: PubMed Central (PMC)
Uitgever: ILAR journal / National Research Council, Institute of Laboratory Animal Resources

---

[s59] - https://www.ncbi.nlm.nih.gov/books/NBK11769/

Auteur:	Tord Kjellstrom, Madhumita Lodh, Tony McMichael, Geetha Ranmuthugala, Rupendra Shrestha, Sally Kingsland	**Titel:**	Air and Water Pollution: Burden and Strategies for Control
door:	The International Bank for Reconstruction and Development / The World Bank	**Datum:**	2006
Website:	NCBI Bookshelf	**Uitgever:**	The International Bank for Reconstruction and Development / The World Bank

[s60] - https://pmc.ncbi.nlm.nih.gov/articles/PMC3775162/

Auteur:	Pallav Sengupta	**Titel:**	Potential Health Impacts of Hard Water
Datum:	2013 Aug	**Website:**	PubMed Central (PMC)
Uitgever:	International Journal of Preventive Medicine		

[s61] - https://pmc.ncbi.nlm.nih.gov/articles/PMC2265038/

Auteur:	Adrian Burton	**Titel:**	Cardiovascular Health: Hard Data for Hard Water
DOI:	10.1289/ehp.116-a114a	**Datum:**	2008 Mar
Website:	PubMed Central (PMC)	**Uitgever:**	Environmental Health Perspectives

[s62] - https://pmc.ncbi.nlm.nih.gov/articles/PMC7025357/

Auteur:	Hugh Leonard, Taryn Pile	**Titel:**	Hard water syndrome: a case series of 30 patients from a London haemodialysis unit
door:	Department of Renal Medicine, Guy's and St Thomas' NHS Foundation Trust, London, UK	**DOI:**	10.1093/ckj/sfz050
Datum:	2019 May 12	**Website:**	PubMed Central (PMC)
Uitgever:	Clinical Kidney Journal		

[s63] - https://pmc.ncbi.nlm.nih.gov/articles/PMC10276130/

Auteur:	M C Buckingham, C D'Angelo, T B Chalk, G L Foster, K G Johnson, Z Connelly, C Olla, M Saeed, J Wiedenmann	**Titel:**	Impact of nitrogen (N) and phosphorus (P) enrichment and skewed N:P stoichiometry on the skeletal formation and microstructure of symbiotic reef corals
door:	School of Ocean and Earth Science (SOES), University of Southampton, Southampton, UK; Natural History Museum, London, UK	**DOI:**	10.1007/s00338-022-02223-0
Datum:	2022 Apr 20	**Website:**	PubMed Central (PMC)
Uitgever:	SpringerOpen		

[s64] - https://www.mdpi.com/2076-2615/13/16/2548

Auteur:	Stephen A. Smith	**Titel:**	Fish Welfare in Public Aquariums and Zoological Collections
door:	Multidisciplinary Digital Publishing Institute	**DOI:**	10.3390/ani13162548
Datum:	2023-08-08	**Website:**	MDPI
Uitgever:	Multidisciplinary Digital Publishing Institute		

[s65] - https://www.mdpi.com/1424-8220/18/3/750

Auteur:	Lorena Parra, Sandra Sendra, Laura García, Jaime Lloret	**Titel:**	Design and Deployment of Low-Cost Sensors for Monitoring the Water Quality and Fish Behavior in Aquaculture Tanks during the Feeding Process
door:	Multidisciplinary Digital Publishing Institute	**DOI:**	10.3390/s18030750
Datum:	2018-03-01	**Website:**	MDPI
Uitgever:	Multidisciplinary Digital Publishing Institute		

[s66] - https://pmc.ncbi.nlm.nih.gov/articles/PMC8656607/

Auteur:	Emily Ying Yang Chan, Kimberley Hor Yee Tong, Caroline Dubois, Kiara Mc Donnell, Jean H Kim, Kevin Kei Ching Hung, Kin On Kwok	**Titel:**	Narrative Review of Primary Preventive Interventions against Water-Borne Diseases: Scientific Evidence of Health-EDRM in Contexts with Inadequate Safe Drinking Water
DOI:	10.3390/ijerph182312268	**Datum:**	2021 Nov 23
Website:	PubMed Central (PMC)	**Uitgever:**	International Journal of Environmental Research and Public Health

Afbeeldingsbronnen

Niet-vermelde afbeeldingen zijn ofwel zelf gemaakt of werden verkregen met de juiste licentie. Alle rechten zijn voorbehouden voor deze afbeeldingen.

Voor alle andere hier vermelde afbeeldingen:
Geen van de afbeeldingen werd gewijzigd, alleen de resolutie werd aangepast. In de eBook-versie werden de afbeeldingen samengevoegd tot genummerde collages. Alle afbeeldingen blijven onderworpen aan hun oorspronkelijke licentie en worden gebruikt volgens hun respectieve licentievoorwaarden. Als u attributiefouten of andere discrepanties ontdekt, neem dan contact met ons op.

Datum van laatste beeldcontrole: 2025-02-12.

Gebruikte licentie

CC0 http://creativecommons.org/publicdomain/zero/1.0/deed.en

Afbeeldingscredits

[i1] - 001_001_002_image_photosynthese.jpeg
https://upload.wikimedia.org/wikipedia/commons/f/f4/Leaf_1_web.jpg

Date:	2003-01-05	**door:**	Weft
Kunstenaar:	Jon Sullivan	**License:**	Public domain

[i2] - 001_002_002_image_moos.jpeg
https://upload.wikimedia.org/wikipedia/commons/3/30/Decorative_Moss_Balls_3.jpg

Date:	2021-04-26	**door:**	Coughdrop12
Kunstenaar:	Alaska Region U.S. Fish & Wildlife Service	**License:**	Public domain

[i3] - 001_002_002_image_aquarienpflanze.jpeg
https://upload.wikimedia.org/wikipedia/commons/a/a8/Amaterske_akvarium.jpg

Date:	2006-08-23	**door:**	Shizhao
Kunstenaar:	Aleš Tošovský	**License:**	Public domain

[i4] - 001_003_001_image_ammoniak.jpeg
https://upload.wikimedia.org/wikipedia/commons/0/05/Ammonia-3D-balls-A.png

Date:	2008-04-29	**door:**	Benjah-bmm27
Kunstenaar:	Ben Mills	**License:**	Public domain

[i5] - 001_003_002_image_strontium.jpeg
https://upload.wikimedia.org/wikipedia/commons/8/8b/Strontianite_Strontium_carbonate_Barstow_San_Bernardino_County_California_1845.jpg

Date:	2007-04-15	**door:**	Dyet
Kunstenaar:	http://www.shutterstone.com	**License:**	Public domain

[i6] - 001_003_002_image_fischskelett.jpeg
https://upload.wikimedia.org/wikipedia/commons/e/ee/605Ants_of_the_Philippines_eating_fish_skeletons_21.jpg

Date:	2020-09-26	**door:**	Judgefloro
License:	CC0		

[i7] - 002_001_001_image_frostfutter.jpeg
https://upload.wikimedia.org/wikipedia/commons/f/f7/Frozen_fresh_cod_fillet.jpg

Date:	2024-07-09	**door:**	Fumikas Sagisavas
License:	CC0		

[i8] - 002_001_001_image_salmler.jpeg
https://upload.wikimedia.org/wikipedia/commons/c/cc/Bucktoothed_Tetra_Image_001.jpg

Date:	2007-03-01	**door:**	Ltshears
License:	Public domain		

[i9] - 002_001_002_image_astaxanthin.jpeg
https://upload.wikimedia.org/wikipedia/commons/0/01/Astaxanthin-3D-spacefill.png

Date:	2011-06-09	**door:**	Jynto
License:	CC0		

[i10] - 002_002_001_image_abschaeumer.jpeg
https://upload.wikimedia.org/wikipedia/commons/d/d7/Reef_Aquarium_New_Sump.jpg

Date:	5 May 2008	**door:**	File Upload Bot (Magnus Manske)
Kunstenaar:	Gtstricky	**License:**	Public domain

[i11] - 002_002_002_image_kiemen.jpeg
https://upload.wikimedia.org/wikipedia/commons/5/53/Fish_gills_in_Tokyo.jpg

Date:	2021-07-06	**door:**	Syced
License:	CC0		

[i12] - 002_002_003_image_detritus.jpeg
https://upload.wikimedia.org/wikipedia/commons/4/49/Hoja_terminalia.jpg

Date:	2008-12-01	**door:**	M3 SHERPA
License:	Public domain		

[i13] - 002_002_003_image_parasit_fisch.jpeg
https://upload.wikimedia.org/wikipedia/commons/0/09/Fish%27s_parasite.jpg

Date:	2006-08-29	**door:**	Dante
License:	Public domain		

[i14] - 002_002_003_image_putzergarnele.jpeg
https://upload.wikimedia.org/wikipedia/commons/e/ed/Spotted_cleaner_shrimp.jpg

Date:	2020-02-10	**door:**	Togabi
License:	Public domain		

[i15] - 002_003_003_image_microsorum.jpeg
https://upload.wikimedia.org/wikipedia/commons/8/89/Microsorum_pteropus.jpg

Date:	31 March 2006	**door:**	File Upload Bot (Magnus Manske)
Kunstenaar:	Tsunamicarlos	**License:**	Public domain

[i16] - 002_003_003_image_vallisneria_gigantea.jpeg
https://upload.wikimedia.org/wikipedia/commons/8/8d/Vallisneria_americana_%28USDA%29.jpg

Date:	2006-08-02	**door:**	Nonenmac
Kunstenaar:	William & Wilma Follette, USDA NRCS, 1992. Western wetland flora: Field office guide to plant species. West Region, Sacramento, CA. Courtesy of USDA NRCS Wetland Science Institute.	**License:**	Public domain

[i17] - 003_001_001_image_biotop.jpeg
https://upload.wikimedia.org/wikipedia/commons/1/10/Knolparasolzwammen._09-11-2023._%28d.j.b%29.jpg

Date:	2023-11-09	**door:**	Famberhorst
Kunstenaar:	Dominicus Johannes Bergsma	**License:**	CC0

[i18] - 003_001_001_image_laichplatz.jpeg
https://upload.wikimedia.org/wikipedia/commons/9/9a/Spawning_sockeye_salmon.jpg

Date:	2008-11-10	**door:**	Epipelagic
Kunstenaar:	Unknown authorUnknown author	**License:**	Public domain

[i19] - 003_001_002_image_aquascape.jpeg
https://upload.wikimedia.org/wikipedia/commons/5/50/Aquascape_mini.jpg

Date:	2025-01-04	**door:**	Trstcantik
License:	CC0		

[i20] - 003_001_002_image_nanocube.jpeg
https://upload.wikimedia.org/wikipedia/commons/b/b7/Nano-Reef_Aquarium.jpg

Date:	2011-01-08	**door:**	T137
Kunstenaar:	Dria1975	**License:**	Public domain

[i21] - 003_001_002_image_wurzel_aquarium.jpeg
https://upload.wikimedia.org/wikipedia/commons/1/1b/Snail_3539289564.jpg

Date:	2022-02-24	**door:**	*ngoomie
Kunstenaar:	ngoomie	**License:**	CC0

[i22] - 003_001_003_image_mangroven.jpeg
https://upload.wikimedia.org/wikipedia/commons/b/b9/Mangrove_forest_at_ZhanJiang.jpg

Date:	28 July 2022	**door:**	ElectronicGhost
Kunstenaar:	一只星步甲	**License:**	CC0

[i23] - 003_002_001_image_aquascaping.jpeg
https://upload.wikimedia.org/wikipedia/commons/e/e7/58g_aquascape.jpg

Date:	2006-08-23	**door:**	Shizhao
Kunstenaar:	Tsunamicarlos	**License:**	Public domain

[i24] - 003_002_002_image_fischschwarm.jpeg
https://upload.wikimedia.org/wikipedia/commons/6/6b/Nagoya_Aquarium_%2815%29.jpg

Date:	2016-07-15	**door:**	Maplestrip
License:	CC0		

[i25] - 003_002_003_image_hoehle_aquarium.jpeg
https://upload.wikimedia.org/wikipedia/commons/5/5f/Astyanax_jordani_T%C3%A9tra_aveugle_Aquarium_Li%C3%A8ge_30012016_02.jpg

Date:	2016-01-30	**door:**	Vassil
License:	CC0		

[i26] - 003_003_001_image_sphaerische_aberration.jpeg
https://upload.wikimedia.org/wikipedia/commons/1/10/Spherical-aberration-slice.jpg

Date:	14 June 2005	**door:**	Undead warrior
Kunstenaar:	Mdf	**License:**	Public domain

[i27] - 003_003_002_image_dekoration.jpeg
https://upload.wikimedia.org/wikipedia/commons/0/02/Aquarium_d%C3%A9co.jpg
Date: 2025-01-14 **door:** Fafa25TN
License: CC0

[i28] - 003_003_002_image_fisch.jpeg
https://upload.wikimedia.org/wikipedia/commons/b/b7/Aquarium_Fish_1.jpg
Date: 1 August 2006 **door:** File Upload Bot (Magnus Manske)
Kunstenaar: Mitternacht90 **License:** Public domain

[i29] - 003_003_003_image_farbtemperatur.jpeg
https://upload.wikimedia.org/wikipedia/commons/6/6d/Color_temperature_comparison_of_5_CFLs.jpg
Date: 2012-04-30 **door:** Splarka
License: Public domain

[i30] - 004_001_001_image_salinenkrebschen.jpeg
https://upload.wikimedia.org/wikipedia/commons/1/19/Artemia_%28YPM_IZ_098733%29.jpeg
Date: 2019-07-09 **door:** Christian Ferrer
Kunstenaar: class="fn value"> Sikander Kiani **License:** CC0

[i31] - 004_001_002_image_salinitaet.jpeg
https://upload.wikimedia.org/wikipedia/commons/f/f5/Paracheirodon_axelrodi_2.jpg
door: Fæ **Kunstenaar:** Paolo Neo
License: Public domain

[i32] - 004_001_003_image_aquarienschwamm.jpeg
https://upload.wikimedia.org/wikipedia/commons/0/02/MBNMS_-_Yellow_Ruffle_Sponge_-_Davidson_Seamount_%2831516263452%29.jpg
Date: 2016-12-06 **door:** Orizan
Kunstenaar: National Marine Sanctuaries **License:** Public domain

---

[i33] - 004_002_002_image_schwammfilter.jpeg
https://upload.wikimedia.org/wikipedia/commons/3/35/000_easy_sponge_filter_for_betta_aquarium.jpg
Date: 2009-01 **door:** Fishoftheworld
Kunstenaar: Yo Lopera **License:** Public domain

[i34] - 004_002_003_image_auslaeufer.jpeg
https://upload.wikimedia.org/wikipedia/commons/3/36/Runners_%28PSF%29.png
Date: 2019-08-16 **door:** Encik Tekateki
Kunstenaar: Pearson Scott Foresman **License:** Public domain

---

[i35] - 004_002_003_image_seitentriebe.jpeg
https://upload.wikimedia.org/wikipedia/commons/6/6e/Aronia_-_Borlhon.jpg
Date: 2024-03-08 **door:** Jiròni B.
License: CC0

[i36] - 004_002_003_image_wasserparameter.jpeg
https://upload.wikimedia.org/wikipedia/commons/6/6b/NATIONAL_WATER_QUALITY_LABORATORY%2C_AQUATIC_BIOLOGIST_WESLEY_SMITH%2C_REMOVES_A_SUBSTRATE_FROM_THE_BANK_OF_AQUARIUM..._-_NARA_-_551588.jpg
Date: June **door:** US National Archives bot
Kunstenaar: NARA record: 3045077 **License:** Public domain

[i37] - 004_003_002_image_kalkablagerungen.jpeg
https://upload.wikimedia.org/wikipedia/commons/0/04/Calcium_carbonate_formations%2C_Mammoth_Hot_Springs_%2849200868036%29.jpg
Date: 2019-12-06 **door:** Ser Amantio di Nicolao
Kunstenaar: Yellowstone National Park **License:** Public domain

---

[i38] - 005_001_002_image_algenreaktor.jpeg
https://upload.wikimedia.org/wikipedia/commons/1/19/BasicHomemadeAlgaeScrubber.jpg

Date:	2011-05-09	**door:**	SantaMonicaMale
License:	CC0		

[i39] - 005_001_002_image_amanogarnele.jpeg
https://upload.wikimedia.org/wikipedia/commons/d/d3/DSCN8033_1.sized.jpg

Date:	2007-03-08	**door:**	Marrabbio2
Kunstenaar:	[2]	**License:**	Public domain

[i40] - 005_001_002_image_otocinclus_wels.jpeg
https://upload.wikimedia.org/wikipedia/commons/b/bd/OtocinclusAffinis.jpg

Date:	29 December 2006	**door:**	Rcfernandes
License:	Public domain		

[i41] - 005_001_002_image_posthornschnecke.jpeg
https://upload.wikimedia.org/wikipedia/commons/f/f4/Planorbella_trivolvis.jpg

Date:	2005-08-03	**door:**	Snek01
License:	Public domain		

[i42] - 005_001_003_image_cyanobakterien.jpeg
https://upload.wikimedia.org/wikipedia/commons/0/08/Blue-green_algae_on_Emerald_Terrace.jpg

Date:	2019-07-27	**door:**	Pseudopanax
License:	Public domain		

[i43] - 005_002_002_image_magnesium.jpeg
https://upload.wikimedia.org/wikipedia/commons/d/dd/Magnesium.jpg

Date:	2007-05-23	**door:**	Renamed user EUgxCtTxPS
Kunstenaar:	Maral10	**License:**	Public domain

[i44] - 005_002_002_image_natriumhydrogencarbonat.jpeg
https://upload.wikimedia.org/wikipedia/commons/8/81/Sodium_bicarbonate.jpg

Date:	2008-03-01	**door:**	Materialscientist
Kunstenaar:	Thavox	**License:**	Public domain

[i45] - 005_002_003_image_algen.jpeg
https://upload.wikimedia.org/wikipedia/commons/5/5a/Marine_algae_in_Gullmarsfjorden_at_S%C3%A4mstad_4.jpg

Date:	2019-07-12	**door:**	W.carter
License:	CC0		

[i46] - 005_002_003_image_nitrat.jpeg
https://upload.wikimedia.org/wikipedia/commons/3/3b/Nitrate-3D-balls.png

Date:	2007-04-23	**door:**	Benjah-bmm27
Kunstenaar:	Ben Mills	**License:**	Public domain

[i47] - 005_003_001_image_aquakultur.jpeg
https://upload.wikimedia.org/wikipedia/commons/4/41/Delta_Pride_Catfish_farm_harvest.jpg

Date:	onbekend	**door:**	Davepape
Kunstenaar:	Ken Hammond	**License:**	Public domain

[i48] - 005_003_001_image_balzverhalten.jpeg
https://upload.wikimedia.org/wikipedia/commons/6/62/Gr%C3%A8bejougrisparade.jpg

Date:	2005-07-12	**door:**	Archaeodontosaurus
Kunstenaar:	Dewhurst, Donna	**License:**	Public domain

[i49] - 005_003_001_image_stress_biologie.jpeg
https://upload.wikimedia.org/wikipedia/commons/b/b0/Long_finned_oscar.jpg

Date:	2007-12-19	**door:**	Rosarinagazo
Kunstenaar:	Kurt Auerbach	**License:**	Public domain

[i50] - 005_003_003_image_krankheitserreger.jpeg
https://upload.wikimedia.org/wikipedia/commons/0/0a/EPITHELIUM_%28GILL_COVERING%29_OF_A_CHANNEL_CATFISH_DAMAGED_BY_EXPOSURE_TO_METHYL_MERCURIC_CHLORIDE_IN_THE_WATER._CAMERA..._-_NARA_-_551615.jpg

Date:	June	**door:**	US National Archives bot
Kunstenaar:	NARA record: 3045077	**License:**	Public domain

FSC
www.fsc.org
MIX
Papier | Fördert
gute Waldnutzung
FSC® C083411

Kolibri 360 GmbH
Ferdinand-Jühlke-Straße 7
99095 Erfurt, Deutschland
produktsicherheit@kolibri360.de